浙江省科技厅软科学研究计划项目资助（2021C35110）

绿色与数字化的浙江省时尚产业可持续发展路径研究

高级时装品牌
的设计管理

Design Management of High Fashion Brand

刘丽娴　著

中国水利水电出版社
www.waterpub.com.cn

·北京·

内容提要

本书通过对高级时装品牌与设计管理相关概念的整理，对西方时尚进程中涌现出的多个高级时装品牌设计管理案例的分析，探讨高级时装品牌设计管理的当代价值。全书分三个部分，十二章，内容包括高级时装品牌的相关概念，设计管理的内涵与发展，高级时装品牌的设计管理，查尔斯·沃斯、保罗·波烈、马瑞阿诺·佛坦尼、可可·香奈儿等高级时装屋和高级时装品牌设计管理的转型和发展，西方时尚的逻辑事理与借鉴批评、设计政策的探讨、从典型案例到高级时装品牌设计管理的解读。

本书理论系统，案例翔实，可作为设计学、艺术设计等相关专业人士的参考读物，也可供喜爱时尚的读者阅读。

图书在版编目（CIP）数据

高级时装品牌的设计管理 / 刘丽娴著. -- 北京：
中国水利水电出版社，2022.2
ISBN 978-7-5226-0123-6

Ⅰ. ①高… Ⅱ. ①刘… Ⅲ. ①服装设计 Ⅳ.
①TS941.2

中国版本图书馆CIP数据核字(2021)第209456号

书　　名	高级时装品牌的设计管理	
	GAOJI SHIZHUANG PINPAI DE SHEJI GUANLI	
作　　者	刘丽娴　著	
出版发行	中国水利水电出版社	
	（北京市海淀区玉渊潭南路1号D座　100038）	
	网址：www.waterpub.com.cn	
	E-mail: sales@waterpub.com.cn	
	电话：(010) 68367658 (营销中心)	
经　　售	北京科水图书销售中心 (零售)	
	电话：(010) 88383994、63202643、68545874	
	全国各地新华书店和相关出版物销售网点	
排　　版	北京金五环出版服务有限公司	
印　　刷	天津嘉恒印务有限公司	
规　　格	184mm×260mm　16开本　9印张　230千字	
版　　次	2022年2月第1版　2022年2月第1次印刷	
印　　数	001—800册	
定　　价	78.00元	

前言
Preface

有关历史分期的视角有二：一是从生活方式与科学技术演变的视角，二是通过政治经济与社会意识形态转变的角度。基于这一共识，理解设计管理的发展历史与设计管理思想的演进，往往交错于各个历史时期的生活方式、科学技术、政治经济、社会意识形态的演变进程中。于是，基于历史学视角审视设计管理，可以找到这样一个起点：19世纪中叶，第一次工业革命的基本完成推动了当时欧洲社会政治、经济、文化的发展，新的生产工具与生产方式对生产的管理、设计的对象等提出了新的要求。特别是英国工业革命以后手工艺向机器大工业的过渡进一步催生了对设计管理的需求。这一过程中，原本以人作为推动经济发展单一动力来源的状况发生了深刻变化，即人力劳动越来越多地被机器所取代。相应地，有组织地管理机器生产体系成为了新的时代诉求。而后在19世纪末又出现了如何实现手工艺生产与工业化流水线生产的协同，从而使现代设计管理发展建立于机器艺术的基础上的新问题。

20世纪60年代，设计管理概念最先在英国被提出，随后在美国得以推广，继而在世界范围迅速发展，并不断更新其内涵和研究范畴。英国设计师迈克尔·法尔在1966年将设计管理定义为："设计管理是在界定设计问题，寻找合适设计师，且尽可能地使设计师在既定的预算内及时解决设计问题。"此后，有关设计管理内涵的研究虽然还在不断推进，但至今仍处于发展完善进程中。于是，回望历史，到同样萌蘖于19世纪中叶的高级时装领域寻求灵感，似乎也不失为一种他山之石可以攻玉的借鉴。

全书共分三个部分包含十二章：第一部分为基础理论研究。该部分主要围绕设计管理的理论基础展开探讨，溯源高级时装品牌与设计管理，梳理两者相关概念以及设计管理理论发展。基于此推导高级时装品牌的设计管理概念、职能、维度等。第二部分为案例分析。该部分罗列了高级时装品牌设计管理的典型案例，探讨聚焦于 19 世纪末至 20 世纪中叶的六个典型案例——查尔斯·沃斯、保罗·波烈、马瑞阿诺·佛坦尼、可可·香奈儿、索列尔·方塔那、查尔斯·詹姆斯。它们形成于不同历史背景下，经历了从高级时装屋到高级时装品牌的转型。虽然它们存世时间长短不一，但却是映射各个时期时代精神的物质载体，也是对应与特定时尚品牌设计管理方式的特殊时尚现象。第三部分为历史价值的探索与当代价值的发现。这一部分对西方时尚中心、区域时尚文化特色、时尚体系、产业特征的对应关系展开研究，发现西方时尚文化、体系、产业的内在逻辑事理关系。同时，结合当代设计政策相关研究，探讨设计政策与设计管理之间的联系与贡献，从而展开从个案到整体的综合性研究。本书在编写过程中，参考了一些学者的文献资料，在此一并表示感谢。

由于时间仓促，书中难免存在一些不足之处，敬请读者批评指正。

浙江理工大学 浙江省丝绸与时尚文化研究中心　刘丽娴

2021 年 4 月

目录
Catalogue

第三部分
历史
与当代价值

第一部分

高级时装产业

与品牌设计管理

高级时装品牌自诞生发展至今，已然占据着世界经济、文化、艺术领域、时尚产业的重要位置。自19世纪60年代查尔斯·沃斯创立高级时装屋，至百年后的现代时尚行业萌蘖，高级定制始终代表着制衣领域内的最高标准。无论是机器化制造的工业时代，还是高科技日新月异的信息化时代，抑或者是智能制造引领的数字化时代，高级时装始终散发着严苛与细致的匠人精神，通过与时俱进的设计、技术和运营创新，不断从历史走向当下，从经典走向当代。

　　18世纪后半叶，由于西方工业文明的崛起，经济飞速发展，制衣行业发生了划时代的变革，以法国为首的欧洲国家开启了高级时装行业的先河。高级时装屋伴随高级时装登上历史舞台，承载着从高级时装屋走向高级时装品牌曲折的转变过程。在西方特定的历史背景下，高级时装产业所折射的更是整个西方时尚进程中的标识性转折与发展。

　　19世纪的西方社会充满变幻，呈现出不断流变、创新的面貌。当变化成为常态，于是也就成就了一种与以往时代截然不同的思维方式与美学范式。对于高级时装的研究来说，其发展与当时复杂多变的社会背景密切相连。而厘清高级时装品牌、高级成衣品牌、大众成衣品牌、时尚品牌的界限与联系，成为本书展开高级时装品牌设计管理研究的起点。

第一章
高级时装品牌的相关概念

第一节　高级时装屋（高级时装品牌）与高级时装产业

　　高级时装诞生于 19 世纪中叶，此时的法国经历了七月王朝❶——大资产阶级的建立与君主立宪制度的实施——进入了资本主义发展阶段。随着资产阶级群体与工人阶级逐渐登上历史舞台，法国的社会结构、经济、政治、人文思潮发生着日新月异的变化，且不断影响着设计思维与美学范式的转变。与此同时，爆发于英国的第一次工业革命蔓延而至，法国的社会生产力与科技水平突飞猛进，诞生于工业革命中的生产技术不断应用于各个行业，并引发整个产业的颠覆性转变。这一时期，新的面料、染料不断被开发，为高级时装产业的发展创造了必备条件，并推动了生活方式乃至服饰形制的转变。作为时代精神的物质载体之一，高级时装屋的出现，乃至高级时装设计师身份的独立，反映了这一时期时代变革背后的社会生产与主流审美趣味转变，为应对当时社会对服饰穿着的需求，高级时装产业应运而生。

---

❶ 奥尔良王朝（monarchie d'Orléans）又称七月王朝（monarchie de Juillet），是代表法国金融大资产阶级利益的一个王朝，存在于 1830—1848 年。

　　高级时装在法语中的表述为 haute couture，其中 haute 指"高级"之意，couture 指"缝纫"。最初的高级定制时装是为了满足当时的有闲阶级对物质生活的追求而诞生。19 世纪末 20 世纪初，拥有大量闲暇娱乐时间的有闲阶级为了凸显自己的身份地位在高级时装的助力下争奇斗艳，以消磨时光。早期的高级时装款式由宫廷的裁缝听从皇室的安排而设计制作，当时的裁缝还算不上是真正的设计师，更没有设计话语权。高级定制时装在面料的选择上几近奢靡，且款式效果以夸张为主，需要对应特定的场合配合以相应的服饰与着装样式。正是在这样的时代背景下，孕育了萌芽阶段的法国高级时装产业。伴随几次工业革命的科技进步，法国的时尚风潮逐渐影响了其他国家，成为西方时尚的绝对中心。

　　高级时装屋（haute couture house）是高级时装产业的构成单元与法国高级时装的载体，是集设计、销售为一体的专门店铺。高级时装屋诞生于巴黎，法国皇室与政府对高级时装业的重视与支持也为法国高级时装屋的发展提供了必要的环境。1848 年，被誉为"高级时装之父"的英国人查尔斯·沃斯来到巴黎，并开启了其高级时装事业。沃斯将当时的皇室贵族视为目标消费者，并依赖宫廷社交圈的传播效应提升个人知名度，进而推动其高级时装屋的发展。伴随着沃斯的一系列设计活动与商业管理，传统意义的"定制设计师"身份定位发生了转变，真正意义的高级时装设计师开始出现。逐渐转向由设计师主导，顾客参与的高级时装"订制"模式，引发主雇关系的某种变化，也标志着高级时装业的萌芽。1868 年高级时装联合会（Chambre Syndicale de la Haute Couture）的成立，进一步促进了法国高级时装屋系统有序的发展。

　　在高级时装萌芽之初，其主要消费者为法国的皇室贵族，以及旧资产阶级。一方面，高级时装满足了这一消费群体对奢华衣着的物质需求；另一方面也契合了其审美趣味与炫耀式的生活方式。时至 19 世纪末至 20 世纪初，旧贵族与旧资产阶级逐渐退出历史舞台，拥有大量闲暇娱乐时间与新式审美趣味的新兴资产阶级为彰显自己的身份地位，也加入高级时装的消费行列，并成为主要消费群体。

　　继查尔斯·沃斯之后，高级时装联合会约有 18 名成员开设了高级时装屋，其中包括雅克·杜赛、保罗·波烈、艾尔莎·夏帕瑞丽、可可·香奈儿等高级时装设计师。这一时期的高级时装屋主要依托于社交圈、时装展示、口碑相传进行推广，高级时装设计师结合当时新兴的人文思潮与消费诉求，进行全新的高级时装设计，并直接管理高级时装的生产制作，形成了设计与管理并行的设计管理方式。据资料显示，当时这些时装屋的年销售额超过 10 亿美元，雇佣工人近 5000 人，其中包括 2200 名裁缝。而这一时期的高级时装屋往往专注于某一具体服饰品的生产，即设计师本人负责设计，工人则负责将设计作品制作成服装产品。

经历了辉煌年代的法国高级时装行业在 1929 年也遭遇了低潮期。经济危机使法国资产阶级群体消费者面临破产，高级时装屋目标客户因此大量流失。难以维持生计的高级时装屋大多选择倒闭或退出高级时装联合会以缩小经营规模，仅剩为数不多的法国高级时装屋艰难维持。为解决这一问题，巴黎高级时装联合会组织了一系列的"戏剧舞台时装秀"（Le Théâtre de la mode），通过将部分高级时装屋所制作的时尚玩偶运送至欧美各国进行巡回展出，以此将世界的时尚目光再次聚焦于法国高级时装，使法国重新获得时尚话语权。这一举措获得了成功，从经济危机中复苏的法国逐渐恢复了往日稳定的社会发展态势，高级时装屋的发展也逐渐回到正轨。

1936 年，巴黎高级时装联合会公布了严格的行业准则，即高级时装屋必须为私人客户设计定做的衣服；使用至少雇佣 15 名全职员工的工作室，有 20 名全职技术工人；且高级时装必须在 1 月和 7 月的每个季节向公众展示不少于 50 套原创设计作品。

从 19 世纪末至 20 世纪初，高级时装经历了从辉煌到低迷到再续辉煌的曲折进程。从发展历程看，高级时装品牌从第二次世界大战之前巅峰时期的 200 多个，到 20 世纪中叶仅存留下了 11 个。在经历了 20 世纪末的经济低迷后，高级定制时装又逐步回温。伴随着经济的发展、市场的迭代等诸多的因素影响，高级时装行业的发展方向与盈利模式也发生了相应改变。品牌架构的多元化顺应了不断开放的市场包容度，而其中大多高级定制品牌业都纷纷转向或新增了高级成衣产品线，抑或是其他系列的产品线（化妆品、香水、配饰等）以适应消费者市场的需求更新。再者，伴随消费者可持续、慢时尚的侧重与社会问题的反思，高级时装品牌又以一种新的面貌回归并再现光彩。

第二节　高级成衣品牌与高级成衣产业

20 世纪 50 年代，法国时尚仍以高级定制服装和奢华的高级成衣为时尚主流。同时，在第二次世界大战等多方面因素的影响下，西方社会的时尚发展格局骤变，休闲服饰开始在美国流行起来，以好莱坞影星拉娜·特纳（Lana Turner）为原型的"套头衫女孩儿"风格风靡美国，女性时尚被放到了时尚发展的风口浪尖。随着"马歇尔计划"❶的深入，欧美时尚文化交流愈

---

❶ 马歇尔计划（The Marshall Plan），官方名称为欧洲复兴计划（European Recovery Program），是第二次世界大战结束后，美国对被战争破坏的西欧各国进行经济援助、协助重建的计划，对欧洲国家的发展和世界政治格局产生了深远的影响。

加密切，美国市场的大众流行时尚文化逐渐影响了欧洲各国的时尚发展。法国高级定制服装舞台上出现了许多新的名字，其中包括姬龙雪（Guy Laroche）、休伯特·德·纪梵希（Hubert De Givenchy）、皮尔·卡丹（Pierre Cardin）和伊夫·圣·罗兰（Yves Saint Laurent）等。这些高级定制服装设计师们运用丰富的灵感和想象力来解读新时代的女性，如圣·罗兰通过裤装套装、机车夹克、撒哈拉系列服饰、裸色系列服饰、女士燕尾服和融合波普艺术元素的女装等让女性时尚经历了彻底的改变，模糊了传统的法国高级定制女装概念。

随着时尚的变迁，讲究精湛工艺与艺术创意的高级定制服装逐渐曲高和寡。在其演进中可以发现，第二次世界大战时期的法国拥有多达 106 家高级定制时装屋品牌，然而从 20 世纪 60 年代起，高级定制时装屋便开始随着成衣的出现而消失。Balenciaga、Lanvin、Laroche、Grès、Patou、Nina Ricci、Féraud 等这些大品牌先后关闭了它们成本高昂的高级定制部门，纷纷侧重于化妆品、香水、高级成衣设计或饰品设计产品线以维持赢利。到 2010 年法国高级定制时装屋硕果仅存的 11 家 ❶。高级成衣迅速占据了 20 世纪中叶以来的时尚消费市场。

这一时期的许多法国大品牌开始在香水和配饰行业尝试开展授权许可业务，设计师们逐渐离开小众的高级定制服装市场来创建以大众为目标客户、具有强大的市场潜力的设计师品牌。皮尔·卡丹和圣·罗兰正是这一运动的发起者。高级成衣品牌是 20 世纪 60 年代时尚界中最伟大的创新，设计师们通过创建价格逐层递减、定位于更年轻消费者的二线 / 年轻品牌，强有力地推进了高级成衣服装行业的发展。

从那时到 20 世纪末，很多高级定制时装品牌都顺应时代发展转而专注于高级成衣。高级成衣这一名称最早出现在第二次世界大战后，作为高级定制的副线出现在服装消费群体的视野中。谈及高级成衣，不得不提到的便是意大利高级成衣产业的崛起。强大的纺织工业基础、精益求精的工匠精神，奠定了意大利成衣制造和时尚品牌特色。第二次世界大战结束后，以恢复欧洲经济发展为契机，美国发起"马歇尔计划"，意大利成为获益国，纺织工业得以快速发展。意大利设计师因时制宜，建立意大利时尚的独特"身份识别"，摆脱了巴黎高级定制的主导，发展了具有本国特色的高级成衣时尚产业（图 1-1）。

从历史与地域双重视角下解读意大利时尚与西方时尚的互动联系，两者相辅相成。在与法国等西方国家的时尚转承过程中，意大利时尚作为西方时尚的启蒙，在发展过程中不仅推动了欧洲

---

❶ 这 11 家高级定制时装屋分别是 Adeline André 、Anne-Valérie Hash、Chanel、Dior、Maurizio Galante、Jean Paul Gaultier、Givenchy、Christian Lacroix、Dominique Sirop、Frank Sorbier 和 Stéphane Rollan。

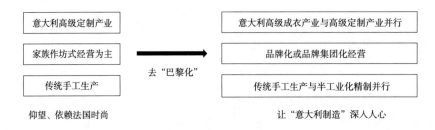

图 1-1　意大利时尚产业转型过程

各国时尚的整体发展，意大利时尚本身也伴随着欧洲时尚发展逐步完善，而由于美国的经济互动所推动的自身时尚改革与时尚产业转型升级，更是意大利时尚与西方时尚互动联系过程中相互作用的结果。时至今日，意大利时尚以独特的"高级成衣""意大利制造"等特征占据世界时尚地位并影响着世界时尚发展。

意大利高级成衣相较于法国的高级时装，更注重本民族的传统、艺术与工艺技法的结合。意大利设计的夸张用色、大胆利落的剪裁、精致的手工艺传统，成就了意大利高级成衣产业链的鲜明特点。经过多年发展，意大利的高级成衣产业已经形成了一套完整的构架：一是设计独具风格。意大利成衣设计师善于进行小规模手工制作生产，设计出品质精良、高制作工艺水准的成衣。二是生产流程不断创新。大、中、小型企业经过合作共存、协调发展，形成了成熟完整的产业链。三是销售网络完善。意大利高级成衣销售网络遍布全球，日趋成熟的米兰时尚会展业也吸引了全世界的媒体和买手。

意大利的高级成衣品牌作为时尚传播的驱动者，为时尚产业的可持续运作提供了支撑，高级成衣品牌通过设计语言的转化将意大利的历史文化融入时装中，使得消费者不仅可以从时装中看到现代的风格，而且还可以感受到艺术文化所带来的精神层面享受，艺、工结合的意大利高级成衣产业链是推动国家时尚产业发展的重要助力。

第三节　大众成衣品牌与大众成衣产业

18 世纪末，北美历史上第一家水力纺纱厂❶在罗德岛建立，标志美国纺织工业化进程的发端。

---

❶ 1790 年，斯莱特开始制造纺织机械，经过一年的努力，美国的第一台纺纱机成功制成。不仅如此，斯莱特还按照英国工厂的生产管理模式在美国建起了第一个水力纺纱厂，为美国打下了纺织工业基础。

同时，美国服装产业引入流水线生产作业模式，在降低产品成本与市场价格的同时催生了大众市场的出现。以第二次世界大战爆发为契机，欧洲地区大量高级时装屋被迫关闭，时尚活动无法顺利开展，欧洲设计师艾尔莎·夏帕瑞丽（Elsa Schiaparelli）、萨尔瓦多·达利（Salvador Dali）等众多艺术家、设计师为逃避战乱相继移居美国。在这一过程中，欧洲艺术、人才、产业的转移与文化和价值观念的转化催发了美国服装产业的"文化转型"与其他城市文化产业的崛起，并且成功调和了商业与艺术之间的矛盾，推动了以"流行文化与大众市场"为特色的美国时尚文化的形成。美国时尚终于摆脱了以奢华、优雅和历史文脉为主要特征的欧洲时尚束缚，逐渐发展出以简约、休闲、自由和性感为特色的美式时尚文化。在此基础上，以本国的大众市场为主要目标市场，美国的服装设计在外观上更趋向于大众化、平民化，更强调服装的个性、功能性、舒适性和实用性。且得益于各类产业人才的涌入与支持，加之美国政府大力鼓励发展本土时尚教育，为时尚产业的发展储备了必要的人才资源，推动了美国本土设计与当代艺术崛起，促使美国时尚产业逐渐完成了从跟风效仿到自主发展的转型，其大众成衣产业的迅速发展迎合了后现代社会多元化、大众化、平民化的生活方式和人文理想，因而在全球范围内受到广泛认可。

第二次世界大战以后，虽然巴黎重夺时尚主导权，但此时美国已逐渐成长起了一批本土设计师，将创意和带有美国文化气息的元素融入成衣设计，为美国纽约时尚风格的探索与最终形成奠定了基调，如海蒂·卡内基（Hattie Carnegie）、比尔·布拉斯（Bill Blass）、保妮·卡什（Bonnie Cashin）等。这些本土设计师们从不将自己定位为女装设计师，而宣称自己是成衣设计师，并以零售的形式销售成衣产品。伴随美国大众市场的发展，涌现出许多享誉世界的美国成衣品牌，如卡尔文·克莱恩（Calvin Klein）、拉夫·劳伦（Ralph Lauren）、寇驰（Coach）、安娜·苏（Ann Sui）、亚历山大·王（Alexander Wang）等。

大众成衣业占了美国时尚产业的主体，尤其是纽约大众成衣业产值甚高。根据纽约市经济发展公司（New York City Economic Development Corporation，NYCEDC）❶的报告显示，有超过1000个服装公司将设计中心设在纽约。纽约政府为了扶持当地时尚产业发展，自2010年启动"时尚纽约2020计划"，其中指出时尚产业发展的核心在于产品设计与设计师；随后在2012年出台了"创新设计保护法案"，对设计师的作品通过立法与司法予以版权保护。

---

❶ 纽约市经济发展公司是一家非营利性公司，其使命是促进纽约市的经济增长。

第四节　时尚品牌与时尚产业

当我们谈及时尚的相关概念，往往定义于与以下几个概念的区分、关联和比较中。风尚（fad），是指流行的生命周期非常短暂、无法预期，且经常出现相当大的旋风后，却又在短时间内消失，使用的人数也在短时间内达到巅峰后锐减，之后甚至可能销声匿迹。经典（classic），是指流行的生命周期风潮较为平缓而持续，不论各季的流行主题如何变化，这些经典的题材仍然可以发现它们的踪迹，并广受消费者的持续受用。流行（popularity），是指迅速传播或盛行一时的事物或现象，用以形容某些新生事物的出现与风靡。

作为一种社会现象，流行的最大特点在于其跨越阶级所具有的社会性，并已被大多数人（majority）所认可与识别。时尚（fashion）相对于前三者而言，从程度、范围、对象等方面均有所不同。

时尚作为一种非主体的社会现象，以服装服饰为主要载体（main medium）与其他周边产品等共同构成的时尚范畴（fashion category），并且时尚是自我驱动力的集体选择与社会驱动力的阶级区分。而本书所提及的时尚品牌作为以零售为主要形式的销售服装或配饰的行业，其以产品为主要核心，品牌形象与品牌内涵为外在表现，融入体验性和互动性的品牌体验与推广等为主要延伸内容。综上所述，时尚品牌跨越了上述定位的时尚服饰类型，时尚品牌的界定是以其时尚程度作为界定依据，而时尚又是设计的前沿部分。因此，时尚品牌既可以是高级时装品牌，又可以是高级成衣品牌、大众成衣品牌（图1-2）。

时尚产业是现代社会的产物。时尚产业最早从欧洲及北美开始，后来慢慢发展成为国际化、全球化的产业，其产品可能是在某个国家设计，在另一个国家生产，最后在全球销售。例如，美国的时装公司会向中国购买布料，在越南加工，最后服装在意大利完成，送到美国的仓库，再分销到全球的商店。时尚产业主要包括四个方面：相关原物料的制造，主要是纤维和纺织品，包括皮草以及毛皮；由设计师、制造商、承包商等制造的时尚产品；零售销售；各种不同形式的广告以及推广。以上四个方面包括许多产业链环节。其中包括纺织品设计及制造、时尚设计及制造、时尚销售、时尚营销、时装表演、时尚媒体与传播等，各个环节共同组成了现代化的时尚产业。从高级定制时装、高级成衣、大众成衣到区域市场的时尚产业布局，四者始终彼此互动联系（图1-3）。

时尚产业是一个融合文化与产品生产模式的产业集群，其基本结构主要表现在三个层面，即

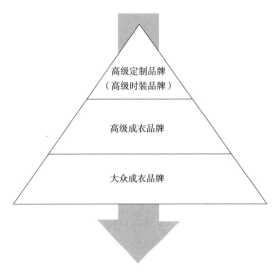

图1-2 时尚品牌金字塔

内在核心层、外围表现层、延伸扩展层。以消费者为中心，内在核心层指与美化人自身相关的时尚产业，如服装服饰、美容美发、礼仪设计等时尚产品的设计与生产；外围表现层指与人的饮食、起居、工作、学习、娱乐等生活方式相关的美化与功能实践，涉及装饰、家具、纺织品、家电、书籍、文具、玩具等产品的设计生产等；延伸扩展层指与人类生存发展相关的城市、社区、街道、工场及其建筑设计等，甚至包括交通标识设计、建筑设计、校园文化设计等（图1-4）。

　　内在核心层、外围表现层、延伸扩展层互为支撑，共同承载时尚文化，映射出群体性、时间性、品味性、消费性和创意性特点。

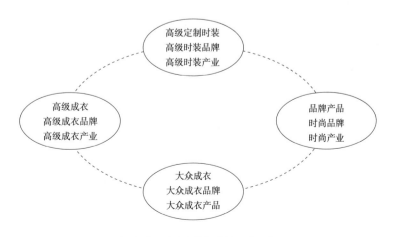

图1-3 时尚产业构成的四个环节

内在核心层：与美化人自身相关的时尚产业，围绕时尚产品的设计与生产

外围表现层：与生活方式相关的美化与动能实践，围绕生活方式的设计与生产

延伸扩展层：与人类发展相关的区域、国家、城市、社区等空间与地理内涵，围绕空间与地理关系的设计核理

图 1-4　时尚产业结构层次划分

延伸阅读：戏剧舞台时装秀

一、最初的"戏剧舞台时装秀"

1929 年世界性的经济危机爆发之前，法国巴黎的高级时装产业因期间的装饰艺术运动与巴黎世博会，再次扩大了知名度并更多地被西方时尚业所认知，进入鼎盛阶段，随之催生了一大批著名的高级时装设计师与高级时装屋，如从 1920 年开始，发源于法国巴黎的装饰艺术开始流行于西方，当时的艺术家强调高级时装与艺术的融合，将艺术因素与艺术表现手段带入时尚设计领域，极大地丰富了高级时装产业；1925 年巴黎世博会——巴黎现代工业与装饰艺术展览会（International Exposition of Modern Industrial and Decorative Arts）上法国馆优雅宫（Pavillon de l'Élégance）中 Jeanne Lanvin、Charles Frederick Worth、Paul Poiret 时装屋的设计作品参展，此举拓宽了高级时装的展销方式 ❶，推进了巴黎高级时装业的发展。

1929 年世界性的经济危机首先在美国爆发，并以极快的速度席卷整个西方社会。在这次经济危机中大批资产阶级消费者破产，而其中大多是巴黎高级时装屋的原有稳定客户，致使绝大多数的高级时装屋在经济上陷入困境，继而不得不宣布关闭时装屋。第二次世界大战爆发后，由于法国战败，德国纳粹于 1940 年 6 月占领巴黎，并试图将巴黎的高级时装产业全部挪迁到柏林或者维也纳，以谋划将法国高级时装产业催生的产业与经济价值，贡献于德国的国家政治、经济、文化发展。时任巴黎高级时装联合会主席的勒龙·吕西安（Lucien Lelong）认为，只有巴黎才能为高级时装产业的中心，因其植根于法国特有的以"宫廷贵族与高级定制"为特征的时尚文化。

---

❶ 资料来源：https://www.oxfordreference.com/view/10.1093/oi/authority.20110803100306524.

由于法国高级定制产业与高级时装设计师群体的集体努力，德国纳粹的阴谋最终未能得逞。但遭受战争洗礼后的法国高级时装屋仅存 20 余家，每年所生产的高级时装数量极少。加之德国纳粹的全面封锁，巴黎逐渐失去了世界时尚中心的地位。

为挽救这种局面，巴黎高级时装联合会❶主席勒龙组织了一系列"戏剧舞台时装秀"（Le Théâtre de la mode / Théâtre de la mode）❷，并以时装人偶的形式策划 1945 年高级时装展览，并陆续前往欧美各国进行巡回展出，当时的报纸也对此进行了报道。此后世界时尚的目光再次聚焦于巴黎高级时装，大批国际顾客涌入法国巴黎，巴黎高级时装产业获得重生（图 1-5 和图 1-6）。

"戏剧舞台时装秀"的构想源于巴黎时装设计师尼娜·里奇（Nina Ricci）的儿子罗伯特·里奇（Robert Ricci）。考虑到战后法国经济严重受创，为减少开支，同时不失却服装的审美趣味性，他提出了"戏剧舞台时装秀"的构想。日本学者川村由仁夜在其 2004 年发表的论著 *The Japanese revolution in Paris fashion* 中提及，"In an effort to revive the capital, in 1945 French artists and designers collaborated to produce Le Théâtre de la mode（The Theater of Fashion），a traveling exhibition of a twenty-seven and a half-inch wire-frame miniature mannequin dressed in couture clothing, and these dolls were used to publicize French fashion overseas."❸ 为了复兴首都，1945 年法国艺术家和设计师们合作启动"戏剧舞台时装秀"模式，参加巡回展览是身高为 27.5 英寸（70 厘米）的线框微型人体模型，这些模型身穿高级时装在海外宣传法国时尚（图 1-8）。

在对"戏剧舞台时装秀"的构想里，罗伯特·里奇建议使用微型人体模型（时尚玩偶），以满足节省皮革、毛皮等纺织品原料的需求。人体模型高 70 厘米，由金属丝制成，借助"戏剧舞台时装秀"的形式进行海外巡回展演，为战后法国的幸存者筹集救助金。时装设计师和艺术家们可以完全自由地创作时装和展台布景，当年大约有 60 名巴黎高级时装设计师和服装品牌参加了

---

❶ 巴黎高级时装联合会（法文为 La Chambre Syndicale de la Couture Parisienne），1945 年 1 月 23 日作出的关于创建合法注册的原名称"高级时装"的决定，即高级时装联合会（Chambre Syndicale de la Haute Couture），每年由工业部主持下的专门委员会批准的公司才有可能取得生产高级定制时装的资格。巴黎高级时装联合会始于 1868 年，成员主要由法国高级时装设计师群体组成，曾用名为 the Chambre Syndicale de la Couture、des Confectionneurs et des Tailleurs pour Dame（Chambre Syndicale for Couture、clothing manufacturers and tailors for women）。2017 年 6 月 29 日更名为高级时装及现代时装联合会（The Fédération de la Haute Couture et de la Mode）。

❷ 薄其红 . 论高级时装的历史演变及未来发展趋势 [D]. 济南：山东轻工业学院，2010.

❸ 川村由仁夜（Kawamura Yuniya）（2004）. The Japanese revolution in Paris fashion. Berg.p.47.

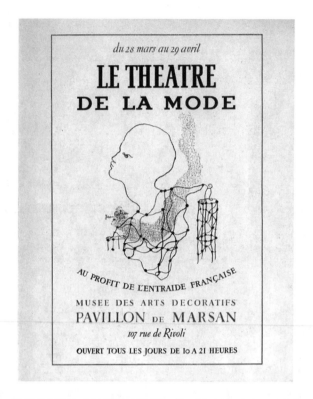

图 1-5　1945 年巴黎的"戏剧舞台时装秀"（Le Théâtre de la mode）展览海报

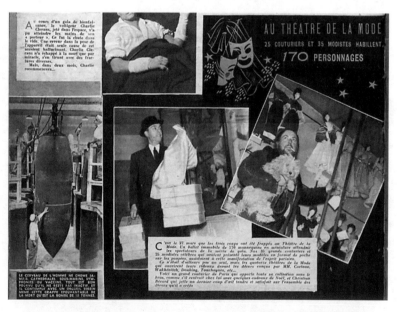

图 1-6　1945 年 4 月 4 日 *Ambiance* 报纸对"戏剧舞台时装秀"的报道

图 1-7　1945 年法国高级时装巡回展览——"戏剧舞台时装秀"
（时装秀的原始布景被毁，新的布景现藏于 Maryhill Museum of Art ）

图 1-8　1945 年 Eliane Bonabel 制作人体模型
（ Ronny Jacques 摄影 ）

海外巡回展，如 Nina Ricci、Balenciaga、Christian Dior、Germaine Lecomte、Mad Carpentier、Martial & Armand、Hermès、Philippe & Gaston、Madeleine Vramant、Jeanne Lanvin、Marie-Louise Bruyère、Pierre Balmain，海外巡回展的前期准备需要社会各界多方人士的通力合作才能达成，如克里斯蒂安·迪奥"时装展台"的装饰是由克里斯蒂安·贝拉德和让·科克多等艺术家设计。由此可见，以时尚玩偶形式进行海外"戏剧舞台时装秀"是巴黎高级时装联合会历史上乃至法国时尚历史上的关键性事件。

二、当代时尚品牌的"戏剧舞台时装秀"

2020 年初受新冠肺炎疫情影响，户外时装展览无法顺应往年的现场展演模式，继而选择线上时装周的形式进行时装展出。以 DIOR、MOSCHINO 为代表的高级时装品牌，从节省原料与公众安全的角度出发，上演了一场线上"戏剧舞台时装秀"，以致敬第二次世界大战后的高级时装品牌。DIOR 更是回顾第二次世界大战后高级时装屋"戏剧舞台时装秀"海外巡演的过往，基于自家高级品牌创始人克里斯汀·迪奥的人偶服装设计展演形式中的服装款式，进行 2020—2021 年的 DIOR 秋冬高级定制时装的设计。

（一）DIOR 微型高级定制时装秀

玛丽亚·嘉茜娅·蔻丽 ❶ 的 2020/2021 DIOR 秋冬高级定制时装系列是对第二次世界大战后"戏剧舞台时装秀"的呼应，展示了 37 款微型高级定制时装作品，微型人身高 55 厘米，身上穿着的时装均为手工制成，工艺非常精细，展现了 DIOR 品牌的精湛技艺。此次微型高级定制时装的整体展示效果正如当年迪奥先生所描述的"梦想王国"（Kingdom of Dreams）一样，如梦似幻，美轮美奂尽展高级定制时装的精细工艺。此外，玛丽亚·嘉茜娅·蔻丽还邀请意大利著名导演 Matteo Garrone 执导 DIOR 的线上宣传片，以电影的形式呈现在大众眼前。Matteo Garrone 将电影命名为 *Le Mythe Dior*，向那些影响 20 世纪时尚的伟大超现实主义女性艺术家们致敬，如美国摄影师 Lee Miller、法国摄影师 Dora Maar、墨西哥画家 Leonora Carrington、法国画家 Henriette Théodora Markovitch、法国画家 Jacqueline lamba 等，时装影片中诠释了女性的独立、自我和优雅的深刻意涵。

（二）MOSCHINO 迷你人偶时装秀

意大利高级时装品牌 MOSCHINO 创立于 1983 年，通过戏谑、新奇的设计跃入国际时尚舞台。在 MOSCHINO 线上发布的 2021 春夏系列大秀中，MOSCHINO 以第二次世界大战后巴黎高级时装海

---

❶ 玛丽亚·嘉茜娅·蔻丽（Maria Grazia Chiuri）：迪奥现任女装时尚总监。

外巡回展演的"戏剧舞台时装秀"为灵感，策划包括 40 套 76.2 厘米大小的微型高级定制作品。受疫情影响，很多品牌都将秀场搬到线上，而 MOSCHINO 打破常规，其创意总监 Jeremy Scott 邀请了美国木偶剧作大师 Jim Henson 的 The Creature Shop 团队进行合作，人偶都是按照真人大小制作，再进行等比例缩放重制。这场春夏系列大秀以 No Strings Attached 为主题，外露的针迹与接缝，展现了秀场时装诞生过程的内部做工细节，浪漫柔和的色调，复杂的珠饰、提花刺绣、羽毛等细微精致的细节设计，是对高级时装的致敬和时装魅力的表达。此外，还为秀场观众席的时尚名流们设计了迷你人偶，包括《纽约时报》评论家凡妮莎·弗里德曼（Vanessa Friedman）、*Vogue* 杂志编辑安娜·温图尔（Anna Wintour）等。MOSCHINO 线上发布的 2021 春夏系列大秀以提线木偶为主人公，重塑时装展出方式，将现场设置成 20 世纪巴黎风格的沙龙式时装秀，上演了一场服装人偶流动演出的视觉盛宴（图 1-9）。

三、历史视角的解读——出现与再现

基于历史视角，对第二次世界大战后与当代共两次"戏剧舞台时装秀"的出现进行剖析解读，了解二者在历史渐进过程中产生的内在勾连以及出现的契机与共性，深挖当代"戏剧舞台时装秀"再现的历史必然性。并对这种时装展演形式进行历史、文化、及社会等多元视角的审视，全方位解读"戏剧舞台时装秀"的历史意义与当代价值。

（一）两次"戏剧舞台时装秀"出现的契机与共性

第二次世界大战后与 2020/2021 年"戏剧舞台时装秀"出现的契机与共性体现在时装设计与设计场景等诸多方面。这种契机和共性与历史、文化、社会等多种因素密切关联，是从属于时代的特定属性，"戏剧舞台时装秀"的出现达成了高级时装设计与时代的共识。

1. 设计表达

第二次世界大战前受到世界经济危机影响，法国服装设计师推出合体合身、强调人体三围的成衣套装，这种裙装要比 20 世纪 30 年代的短裙要长。第二次世界大战后两年内，西方政府实行布料限制令，以法国为代表的国家的女装显得简约朴素，款式仍以持续收腰包裹式裙装为主，以 DIOR 为代表的高级时装品牌在进行"戏剧舞台时装秀"展演时的女装正处于战后初期，法国经济低迷，时尚玩偶穿着的服装款式简洁但优雅端庄。为开拓海外市场，也偶有几件奢华的小型人偶时装吸引观赏者的目光。2020 年受新冠疫情影响，DIOR 微型高定时装秀在设计方面回归战后传统廓形的同时加入了超现实主义的设计因素以实现品牌的创新表达。而 MOSCHINO 迷你人偶时装秀则采用小型时尚玩偶进行"戏剧舞台时装秀"展演，添加了提线的形式，使得时尚玩偶在人工

图 1-9　MOSCHINO 线上发布的 2021 春夏成衣系列大秀

操作下进行动态的服装展示，同样是对战后微型剧院模式下高级时装设计师的致敬，满足了特殊期间观众对时尚的需求。

2. 场景布置

第二次世界大战后的"戏剧舞台时装秀"的布展场景均由高级时装设计师与巴黎高级时装联合会成员共同努力进行构建，而后在欧、美各国进行巡回演出，以展示良好的法国国家形象，吸引海外消费者。DIOR微型高定时装秀和MOSCHINO迷你人偶时装秀的布展场景则着眼于疫情下的时尚表达与情感传递。DIOR的电影宣传片 *Le Mythe Dior* 以希腊女神形象开镜，以特殊行李箱中的时尚玩偶为秀场展示的核心实施载体，以山河湖海为拍摄背景，传达了"迪奥神话"的唯美故事，搭建了迪奥高级时装所传达的女性形象——神秘婉转、优雅大方。MOSCHINO迷你人偶时装秀在场景布置方面，着重于真实性的还原，无论是展台上的服装模特还是正在观看玩偶时装秀的观众，均是以真实人物为原型进行的动态设计。MOSCHINO以No Strings Attached为主题的古典沙龙表达，在致敬第二次世界大战后"戏剧舞台时装秀"的同时，表达出了当代时装品牌的时尚新态度。

（二）从历史、文化、社会视角的再审视

从历史视角观察，第二次世界大战后的战争因素与全球新冠疫情下的不可抗因素都是既定的历史事实，对历史与当下的时尚产业产生的影响深远。战后"戏剧舞台时装秀"与当代品牌的微型时尚玩偶秀都在一定程度上推动了当时的时尚传播，是特定时空背景下时尚传播方式的创新。

从文化视角管窥，无论是战后的"戏剧舞台时装秀"，还是疫情期间的微型时尚玩偶秀，都在文化与艺术风格、道德、理论与思想观念方面贡献于时尚产业发展，使得时装设计师在策展方式与场景设计等方面催生了与以往截然不同的时尚文化表达。

从社会视角审视，战后"戏剧舞台时装秀"与当代时尚品牌DIOR、MOSCHINO的微型时尚玩偶秀都在设计师与艺术家之间产生了协作联动，时尚现象的联动产生了特殊历史背景下时尚的社会效应，形成战后与当代共两次"戏剧舞台时装秀"出现的契机与共性。

同处于社会经济低迷期，第二次世界大战后的高级时装品牌与当代时尚品牌DIOR、MOSCHINO都选择了"戏剧舞台时装秀"作为展出方式。这种展出方式是历史的必然选择，是不同文化背景下趋同的时尚文化表达，是社会视角下时尚与社会的新型联结方式。"戏剧舞台时装秀"作用于历史进程中的时装设计，表现了时装展演的方式的多重可能。作为一种时装展示媒介，"戏剧舞台时装秀"为跨领域的设计师和艺术家们建立了新型合作模式，展示了时代多因素推动下的时尚展示方式的深层次内涵。

第五节　本章小结

从高级时装屋到高级时装品牌，在其百年的发展更迭中，经历了从单一的高级时装屋运营到高级定制品牌的成熟发展。以第二次世界大战为契机，部分高级定制品牌开始向高级成衣品牌转型，在 20 世纪末全球化的影响下，大众流行市场的崛起所带动的大众成衣产业的迅速发展，直至今日世界时尚产业的瞬息万变，种种转变是机械化、工业化以及信息化不同时代下历史发展的必然。至此，囊括了高级定制与高级成衣等丰富内容的高级时装品牌成为了高级时装产业发展的主流形式。

高级定制品牌是法国时装的核心价值所在，它代表的是特定社会的时代精神输出、生活方式表达以及政治、经济、文化等多重因素下国家综合实力的体现。随着时代发展，高级定制产业的发展模式同样因时制宜地进行了相应的调整，出现了不同时期代表性的时装设计师及其时装品牌。随着社会观念的不断冲击与更新，市场消费水平的整体提高，不同阶段的时代精神对时尚品牌的发展不断诉诸新的要求。高级成衣品牌的出现便是顺应第二次世界大战后新兴的大众消费市场，因此高级定制品牌也不断推出其高级成衣系列，而美国市场则以大众成衣品牌著称，大众成衣品牌的全球扩张也象征着美国服装大众消费市场与美国大众流行文化的崛起，其也适应了全球化的服装市场消费新趋势。

而在这一过程中，高级时装品牌的设计管理思想始终贯穿其中，指导各个高级时装品牌的设计生产、经营理念、营销策略、公司运转、品牌延伸等多个方面。在设计管理的视角下，每个时代的高级时装品牌设计管理的构成因素存在一定的差异性，各阶段的政治经济、科技文化等均对高级时装品牌的设计管理造成了一定的影响。因此，深入挖掘特定时期具有代表性与典型性的高级时装品牌及其设计管理方式，以映射当下高级时装品牌设计管理的发展，并贡献于设计管理概念的厘清与理论补充，是本书的撰写初衷。

第二章
设计管理的内涵与发展

第一节　设计管理的萌蘖发展

一、"艺术与手工艺运动"催生设计管理思维

英国政府注重对设计的规划与引导，不论是设计史研究、设计教育的发展、设计机构的成立、设计国家标准的制定等，均与政府的引领与政策有关。政府主动推广设计、规划设计；设计反之服务国家、为国家身份代言，这是英国设计发展区别于其他西方国家最为重要的一点。

18 世纪初的英国处于农业经济时代，这一时代经济发展仍取决于劳动力资源的占有和配置，效率较低。直至 18 世纪中叶，第一次工业革命在英国展开，往后的一百年间，英国国家综合实力急剧提升，跃升为世界大国。在工业革命发生的一百年后，英国进入维多利亚时代❶，英国有关现代设计的发展也自此开始。

19 世纪中叶的英国设计风格被后世归纳为"维多利亚风格"（Victorian），它属于一种古典

---

❶ 维多利亚时代（Victorian era），前接乔治王时代，后启爱德华时代。维多利亚时代后期是英国工业革命和大英帝国的峰端，与爱德华时代一同被认为是大英帝国的"黄金时代"。它的时限常被定义为 1837 年至 1901 年，即维多利亚女王（Alexandrina Victoria）的统治时期。

艺术复辟整合的风格，因为从维多利亚设计风格的产物中，可以看到，哥特样式、文艺复兴样式、都铎样式甚至意大利风格样式。维多利亚时期的设计特点便是通过融合当代审美元素及新建筑材料等方式，重新演绎及完善上述风格。因为糅合了众多古典风格，所以在视觉上显得矫揉造作，装饰繁复，但色彩上丰富细腻，颇有唯美主义特点。

1851 年，英国为了向世界炫耀工业革命成果，联合欧洲各国举办了历史上有名的伦敦世界博览会 ❶。在筹备过程中，历史上著名的"水晶宫"——这个建筑物也被后世视为现代设计拉开帷幕的标志性产物和"艺术与手工艺运动"的开端作为博览会会场应运而生。

"水晶宫"所展览的作品以工业产品为主，但查阅现有历史资料不难发现，这些作品毫无现代设计风格。在设计史的视域下，这次博览会对于当代设计的最大作用是反面刺激，即展出的产品大部分非常粗陋，反而推动了日后"艺术与手工艺运动"等设计运动的发展。

此后，西方国家纷纷效仿，举办了很多国际性的产品博览会，但效果都差强人意。工业革命所带来的技术、工艺、材料方面的革新，导致传统的设计已经无法适应新时代的需求，人们开始尝试用新方法来探索新的设计方式。在人们利用新材料制造产品时，模仿传统的制作方式似乎比创新更加容易。于是，新科技、新材料就与传统的设计与生产方式产生了冲突。同时商业发展的生产诉求也开始与传统设计师所追求的设计理念出现摩擦。

1849 年，英国学者约翰·拉斯金在创作的《建筑七灯》指出，只有常识融于建筑中，建筑才会有未来。照亮建筑的七灯分别为记忆、服从、真理、美丽、生活、权力、奉献，集中反映了作者在美学理念中的完美理想主义。而约翰·拉斯金作为反对派中的一员，他看到"水晶宫"的展览后感慨，艺术家已经脱离了日常生活，只是沉醉在古希腊及意大利的迷梦当中。如果这些产品只能被少数人理解而脱离大众，艺术没什么作用，真正的艺术必须是为人民创作，不然就是一件无聊的东西。按现代的观点来说，他提到的艺术严格来说应该就是当代定义的设计，因为当时并不存在关于"设计"一词的说法，设计跟艺术之间的定义非常模糊。但随后几年，他开始通过著书与演讲来宣传他的设计美学概念，比方他提出设计的实用性目的——他认为，世界上最伟大的作品都要适用于某一特定场合，从属某种目的。这个观点说出设计的功能性问题，已然具备了初步的现代设计思想。

---

❶ 1851 年，伦敦举办的首届世界博览会，当时又称"万国工业博览会"。

在设计矛盾愈演愈烈的时代背景下，"艺术与手工艺运动"❶应运而生。它的拥护者包括艺术家、建筑师、设计师、作家、工匠和慈善家，以共同的美学观为基础，他们试图重申设计和手工艺在所有艺术中的重要性，他们不认可为了追求数量而牺牲质量。艺术与手工艺运动的支持者和实践者通过上述的设计目标而团结在一起，以恢复传统手工艺品制作及其尊严为目的，并制造出所有人都能支付得起的艺术品。约翰·拉斯金在 1953 年出版了著作《威尼斯之石》深刻影响了一位年轻人。这位年轻人后来通过自己的努力，掀起艺术与手工艺运动，成为了现代设计的奠基人，他便是现代设计之父，世界第一所设计事务所的创建者——威廉·莫里斯。

1861 年，威廉·莫里斯联合自己在前拉斐尔兄弟会志同道合的好友们创立了 MMF（Morris, Marshall, Faulkner&Co）公司，公司的总部位于伦敦红狮广场 8 号。MMF 公司在创立之初就开始强调并宣传其工作的原创性和服务质量，注重成员的个人设计能力，其目的是为客户的家庭创作和销售中世纪风格的手工制品。威廉·莫里斯意识到在以约翰·拉斯金理念下所形成的艺术装饰市场中，他们不仅仅是作为产品的设计师，同时作为这一市场的受益者也能从市场中汲取设计灵感。在经营的初期与中期，MMF 公司具有了一定的口碑和知名度，但仍无法改变公司成员之间严重的审美分歧以及懒散的承接订单方式。除此之外，公司在生产制作方面也遇到了严重问题，成员为追求经济效益与利润，往往选择时限期短，能够迅速获得佣金的订单。这与莫里斯对产品几近严苛的标准产生了冲突。其结果是，一方面，由于高要求、高标准导致订单往往难以按时完成；另一方面，订单持续不断地累积，最终使得公司陷入了恶性循环。威廉·莫里斯看不到 MMF 公司发展的未来和希望，最终于 1875 年解散了 MMF 公司，独资成立了莫里斯公司（Morris&Co）。

尽管 MMF 公司以失败告终，但威廉·莫里斯在管理 MMF 公司时逐渐萌发的设计管理思想仍具有历史意义与借鉴价值。他重视设计与管理的协调并进作用，尤其是在协调公司内部成员之间的关系、平衡设计师与制造商之间对于产品的感知区别和对市场动态的准确把握等三个方面的举措，已初步具有某种程度的设计管理思维。

二、第二次世界大战后的英国设计转型与设计管理界定

1946—1957 年将近十年的时间里，战后的英国设计迅速发展。为了与国际竞争力量对抗，也为了恢复英国设计的国际地位，英国政府启动了一系列设计扶持计划。借助政府和社会各界的合

❶ 艺术与手工艺运动，提倡把生活用品与艺术品制作恢复到手工工艺生产的运动。出现于 19 世纪中叶至 20 世纪初的英国，对欧洲多个国家产生影响。目的是抵制工业化对传统建筑和手工业制品艺术的威胁，主张在设计上恢复到中世纪的手工业与手工业行会传统，坚持设计的真实性和从自然中吸取营养。

力，战后英国的设计改革运动取得了显著成效。经过十几年的迅猛发展，以设计为引擎，带动了社会经济与民生文化的深度融合。在社会经济生产的正统领域之外，设计与大众消费文化的联系变得更为紧密。

而接下来的十年，可视为自 1851 年"水晶宫"博览会以来又一个"英国设计的分水岭"，社会主流价值观总体上呈现出由紧到松、由统一到多样、由单一标准到开放价值、由国家意志到个人自由偏斜的整体趋势。其中最著名的便是 1946 年的"英国能制造"（Britain Can Make It）展览，期间英国"优良设计"的标准得以逐渐确立。政府在推广优良设计、树立品牌标杆等方面取得了很多实质性进展，并逐渐摆脱了战争给国家、给社会、给民生带来的负面影响。以新的设计迎接时代转变，呈现美好新生活的可能，是战后英国政府的愿景。借助各种彰显政府重建信心以及国家骄傲的主题展览，帮扶与奖励设计行业的快速调整与发展成为了当时英国政府的核心议题之一。

回望英国设计史，尽管古老政体与特权阶层的留存在一定程度上阻碍了英国设计的现代转型，但英国设计争取公众认同的意识早在 19 世纪 30 年代就已经形成——1835 年成立的国家委员会，专门探讨如何扩展大众的艺术设计知识；1837 年由英国政府直接参与创办设计学校，目的是为英国工业培养专门设计人才。1860 年前后，英国爆发工业革命并迅速蔓延至全欧洲。工业革命所带来的机械生产对传统的手工艺制作产生了巨大冲击，机械制造品以其高效生产且廉价的特点开始广泛流传于市场，并在生产、销售等多个方面逐渐取代了手工生产与手工艺产品。由此引发的机械生产与手工生产之间的剧烈碰撞产生了思想、文化乃至商业领域的剧烈冲突。在冲突过程中，原本的手工艺者逐渐向具有当代意味的"设计师"转变，继而设计师这一职业身份也逐渐从生产制造业中独立出来。设计师对于手工艺、机械生产、商业运营的诸多思考也使得设计管理思想于此时萌芽。关于设计管理的实践在 20 世纪五六十年代得到来自英国政府的大力支持——1956 年，英国设计中心在伦敦成立。1964 年，英国政府最终决定将设计、工业和商业结合，正式推出设计管理国家级大奖，以刺激企业和高校培养更多具有远见的设计师和具有一定设计品位的企业家、管理者。1964 年，英国工业设计委员会初次提议设立（工业）设计管理奖，英国政府采纳了这一建议。1965 年，英国皇家艺术学会开设了第一届"设计管理奖"，其目的是凸显在英国政府控制下的商业和工业组织中有效实施设计政策的优秀案例。这一奖项的设立，在一定程度上刺激了英国商业企业和工业组织对设计及其合理化操作方式的重视，并让企业管理者们意识到，对于企业而言，设计不只是一项工作或专业技术，而是一种具有战略意义的生存和发展工具。1966 年，小托马斯·沃森（Thomas Watson Jr.）在沃顿商学院（The Wharton School）发表重要演讲，提出"好的设计就是好的生意"的设计理念，使战后新兴的企业家对设计更为重视。

1965 年的设计管理大奖和《设计》杂志对设计管理的介绍，使这一概念在英国得到了普遍认可，随即源源不断出现专题研究、专业教育，成为现代关于设计管理研究的基础。时至今日，越来越多的国家开始真实感受到设计创造价值的意义，将设计作为竞争手段。

1966 年，英国皇家艺术协会正式设立设计管理奖项——"设计管理最高荣誉奖"，自此"设计管理"一词在英国正式被提出。1976 年，美国成立了"设计管理学会"（DMI），致力于设计管理的研究与推广。

然而，这一历史阶段的设计管理思想仍处于起步发展状态，设计师们尚未准确定义设计管理的概念，设计管理也不具有完整的、系统化的界定与学科体系，但仍有许多设计师进行了诸多具有设计管理意味的设计与管理活动，且顺应了当时的时代精神与时代特点。至此，设计管理的概念在英国设计转型的过程中逐渐成形并趋于完善。

第二节　设计管理的内涵

一、设计管理的界定

最初对设计管理的界定为 1966 年由英国经济学家迈克尔·法尔（Michael Farr）提出，即"设计管理是在界定设计问题，寻找合适设计师，且尽可能地使设计师在既定的预算内及时解决设计问题"。此时对于设计管理的界定，主要以设计师为核心，指向设计问题，是在一定条件下解决设计问题所使用的工具。

1976 年，伦敦工商学院教授彼得·戈洛博（Peter Grob）重新对设计管理进行界定，其认为设计管理是"项目经理为实现目标对现有的可以利用的资源进行的有效调用"。在这一阶段设计管理的界定有了明确的目的指向，且在此明确了设计管理以项目经理（管理者）为核心。

1990 年，戈洛博对设计管理的定义进行了再次补充："设计管理是管理者为了达到组织目标，对企业设计资源的有效部署和调配。因此，这包含组织对设计的定位、确立适合组织管理方式的设计职责、对管理者的培训，使得管理者对设计的运用更加有效"。这次对设计管理的定义中，表明设计管理以管理者为核心，以企业设计资源高效调配与部署为目标，并包含了设计与管理两个层面。

日本合作策略学家 Kono Noboru 则从设计维度对设计管理进行界定："设计管理包括设计计划、设计人员、评估机构、组织系统等"。他认为设计管理是完成设计合作计划的核心部分，其视角仍基于设计与管理两个不同层面。

2004 年，国际设计管理协会会长厄尔·鲍威尔（Earl N.Powell）提出了基于新世纪时代发展的设计管理新定义："设计管理是以使用者为中心，对特定的产品、界面和环境进行资源的开发、组织、计划和控制。"顺应时代发展，此时的设计管理界定以使用者核心，将设计重心转移至产品与使用者之间的关系，并重视组织内部资源多要素的管理方式。设计管理要素也丰富起来，客户关系与组织资源配置的重要性被明确指出，战略要素开始融入设计管理要素之中。

同一时期的法国著名设计管理研究者布里吉特（Brigitte Borja de Mozota）在其著作《设计管理：用设计来创建品牌价值和企业创新》（*Design Management*：*Using Design to Build Brand Value and Corporate Innovation*）一书中指出，"设计管理一直追求一个双重目标：其一，管理者和设计师是合作伙伴关系，设计管理是对管理者解释设计和对设计师解释管理，这是帮助设计公司更有效管理的方式；其二，设计管理是确立经营管理的方式，使设计融入企业"。布里吉特明确了设计管理的目标具有双重性，即帮助设计师与管理者更为高效地沟通，并使设计层面与管理层面交互并行。

2010 年，美国设计管理机构在其发布的《设计管理定义》中提及："设计管理是使用项目管理、设计、战略和供应链技术来控制一个创造性的过程，支持创造力的文化，并建立设计结构和组织的手段。设计管理的目标是开发和维护有效的业务环境，在该环境中组织可以通过设计来实现其战略和任务目标。设计管理是从发现阶段到执行阶段的所有业务级别的综合活动。设计管理包括设计流程、商业决策和战略，这些设计流程、商业决策和战略能够促进创新，并创造出有效设计的产品、服务、沟通、环境和品牌，从而提高我们的生活质量并为组织带来成功。设计管理也同时是运营管理和战略管理的交叠。"这一设计管理的界定，全面阐释了设计管理的核心、要素以及目的，相较于之前的设计管理内容更为翔实，明确了战略要素在设计管理中的重要位置，表明了设计管理是设计、运营、战略管理的交叠，并统一指向高效益的组织发展（图 2-1）。

厘清设计管理的界定演变，可以发现设计管理的内涵往往包含以下几个方面：一是设计管理指向设计问题，从职能角度出发，设计与管理的两种职能并行且相互作用；二是设计管理贯穿整个设计过程，主要包括了设计、运营、战略三个环节；三是设计管理以使用者为中心，统筹协调各环节，共同指向品牌的设计效益与盈利能力。

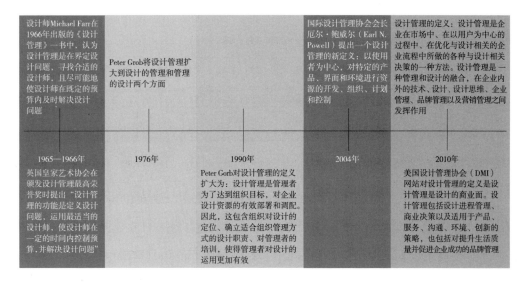

图 2-1 设计管理概念的渐进

二、管理学视角的解读

1988 年第一届欧洲设计奖把设计管理与设计本身并列，作为衡量企业成就的两个标准。这一时期设计管理的中心是对设计业务、项目和职能的管理，管理对象主要是设计部门和研发部门。到了20 世纪90 年代，独立的设计管理概念在发达国家被接受，相应的设计管理在许多企业已作为一项专业性事务来进行。同时，设计经理加入企业决策圈，出现了"首席设计官"（CDO）及类似职位。90 年代中期，设计管理更是作为一门新兴学科被应用至发达国家的现代设计教育体系中。

在孔茨和西里尔·奥唐奈合著的《管理学原理》中，作者提出著名的管理定义"管理就是设计并保持一种良好环境，使人在群体里高效地完成既定目标的过程"（图 2-2）。在《管理学》（第 10 版）中又提出了管理的五项职能。

1. 计划

就是对未来各种行为作出抉择的职能，是五项职能中的最基本职能。编制计划包括选择任务、目标和完成计划的行动方案。计划是从我们现在所处的位置到达将来预期的目标的一座桥梁。

2. 组织

建立一个精心策划的角色结构，并分配给机构中的每一个成员。所谓精心策划，就是把为了完成任务而必须做的一切工作都分配给具体的人，同时希望任务能指派给最能胜任的人。组织结构的宗旨是为了创造一种促使人们完成任务的环境。它是一种管理手段，而不是目的，虽然结构一定要

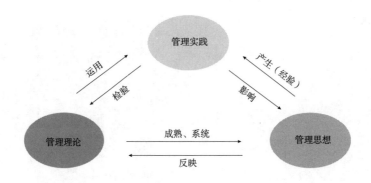

图 2-2　管理学视角下的管理理论、管理思想与管理实践的相互转换

规定必须完成的任务，但是由此而制定的角色，必须根据现有人员的才能和积极性进行拟定。

3. 人事

人事工作就是给设置的组织结构提供具体的编制、配备人员和保持满员。人事工作应该包括明确工作人员必须具备的条件、编造在职人员的花名册、招聘和遴选新人员、安置工作岗位、提升人员、编制选拔计划和工资报酬、培训或用其他方式提高在职人员或备用人员的素质，使他们能够高效益和高效率地完成任务。

4. 领导

对工作人员施加影响，使他们对组织和集体的目标做出贡献。主管人员都知道，他们面临的最重要的问题来自群众，即群众的要求和态度、个人的表现和在集体中的表现。有效的主管人员也应该是有作为的领导人。领导意味着服从，而大家往往跟随那些能满足大家的需要、愿望和要求的领导人，所以领导必然包含鼓励、领导作风和方法以及思想交流。

5. 控制

控制工作是衡量和纠正下属人员的各种活动，从而保证事态的发展符合计划要求。控制工作按照目标和计划表评定工作人员的业绩，找出消极偏差所在之处，采取措施加以改正，确保计划完成。

第三节　设计管理的职能与维度

设计管理作为把控设计与商业关系的工具，随着时代不断变迁，其驱动力受到各个时期的文化、政治、经济环境影响，且设计管理更为细化，其作为框架、沟通桥梁，调和了各个领域内设计师与管理者之间的矛盾。近年来，设计管理被赋予更多的品牌战略意义。

一、设计管理职能分析

基于设计管理的定义，将设计管理的职能划分为设计职能与管理职能。首先，设计职能范畴不仅局限于单纯的产品设计，同时也囊括了基于某一领域特定的设计风格、组织架构等多个方面的细节与整体把握。在这一职能的要求下，设计师所需要做的是审时度势地进行设计调控，感知时代精神的转变，更新技术迭代与品牌产品设计方式，体察消费者市场的转变。设计管理的另一职能即为管理职能。其涉及某一品牌、组织、企业的运营、战略维度。管理职能以品牌、组织、企业的整体发展状况为中心，对内部组织结构进行管理。宏观地看，设计职能与管理职能是并举且相互转化的，在行使设计职能时，管理职能也将相应地被推进。

二、设计管理维度分析

2010年美国设计管理机构在当代设计管理定义中所提及的"设计管理包括设计流程、商业决策和战略……"，基于这一概念，本书将分别从设计维度、运营维度、战略维度等三个维度加以审视。

1. 设计维度

设计维度包括了设计师在对产品设计的整体把控，包括设计师以何种方式进行艺术风格、设计灵感来源、设计方式的调控，同时也是设计转变现象及其背后所蕴含的时代精神变化的体现。

2. 运营维度

运营维度指短期内符合品牌、组织、企业发展需求，强调以经营为重心，体现了时代发展的需求且具有一定时效性的举措，包括了零售终端的视觉展示、销售推广方式等内容，且多带有设计师的个人审美色彩，在一定程度上反映了某一品牌、组织、企业所处时代背景以及特定时期的商业运作模式。

3. 战略维度

战略维度包括了设计师或品牌、组织、企业管理者针对发展全局态势所制定的需要长期执行且具有长期目标指向，且同时整合了内、外部综合资源的举措。如对品牌、组织、企业整体产品系列的开拓，进入新兴市场并迅速扎根，提高消费市场的产品覆盖率等，均可从战略维度进行考量与分析。

第四节　设计管理发展阶段

一、设计管理的萌芽阶段（19世纪至20世纪初）

19世纪正值工业革命爆发，社会结构、生产力、时代精神都发生着日新月异的变化。生产机械的不断进化使得机器生产逐渐代替手工生产并成为主流，工人阶级也应运而生，随之登上历史舞台。这一时期的时代精神逐渐在手工生产与机械生产的摩擦中产生。第一次工业革命后，传统的精细手工制作逐渐走向消亡，取而代之的是粗放型和大批量的机器生产。继而在19世纪中叶，机器制造产品盛行，廉价产品泛滥。此时，服装与手工艺品的消费逐渐显现出大众化的趋势，工人阶级和中产阶级不再一味追求贵族时尚，而是能够自己选择时尚。旧资产阶级和沙龙时尚的缓慢消亡，为设计师这一新兴职业开拓了新的舞台，时尚也逐渐转为由新兴资产阶级和设计师驱动。

设计管理起源于19世纪中叶，萌芽阶段的设计管理思想成形于工业革命以后，此时的时尚设计呈现出一种较为矛盾的现状：一是过分装饰、矫揉造作的维多利亚风格的蔓延。二是机器生产虽然导致了设计与制作的分离，但缺乏适应机器生产方式的设计思考。三是艺术与技术的分离，艺术家不过问工业产品，而工厂主则只关注产品的具体制作、生产流程、产品质量、销路和利润，进而切断了艺术与技术的结合、质量与产量并存的问题。四是手工艺人与艺术家对工业化的来临感到恐惧，从而极力抵制技术进步带来的机械与手工艺生产相结合的可能性。

这种矛盾中出现了最初关于设计管理的思考，在这里被定义为设计管理的萌芽阶段。其中，以乔赛亚·韦奇伍德、威廉·莫里斯等为首的工艺品设计师，查尔斯·沃斯、雅克·杜赛为首的服装设计师，均在这一时期表现出了设计管理思想的雏形。这反映了工业时代初期艺术家和设计师对待工业革命的态度，以及他们企图推翻工业革命潮流的理想；同时也反映了新旧时代过渡时期社会群体的生活方式、审美潮流。

二、企业化的设计管理阶段（20世纪初至20世纪50年代）

第一次世界大战前，由于1870年资本主义制度在德意志完全确立，德意志发展成为了资本主义新兴的强国。资本主义经济特征表现为生产无限扩大的趋势和企业内部生产的有组织化，从而促使设计企业化的设计管理思想在德意志国家率先出现。但德意志国家在政治地位方面并没有取得与其经济地位相匹配的权利，从而导致了在殖民地等问题上和老牌资本主义国家——英国、法国发生了尖锐的矛盾。英德矛盾成了资本主义世界的主要矛盾，英法矛盾则成了欧洲大陆的主要矛盾。因此，在这个时期里的设计管理，我们可以看到在不同政治、经济背景下设计管理模式的差异性。第一次世界大战后，帝国主义国家力量对比发生变化，巴黎和会和华盛顿会议调整了它们在欧洲和太平洋地区的关系，形成了"凡尔赛－华盛顿体系"。"凡尔赛体系"❶ 确立了资本主义在欧洲、西亚和非洲的新秩序，"华盛顿体系"确立了资本主义在东亚、太平洋地区的新秩序。然而"凡尔赛－华盛顿体系"形成于利益瓜分基础之上，并没有根本消除帝国主义国家之间的矛盾。19 世纪之后的资本主义企业化设计管理，由于第二次世界大战之前的经济大萧条和第二次世界大战的原因而被迫中断了发展，但与此同时也出现了适应战时需要的企业化设计管理方式。

在这一时期出现了计划经济与苏联设计管理模式、苏联设计局、工业化象征主义、国际主义等设计管理案例与设计思想，以及雷蒙德·罗维、沃尔特·D.蒂格等代表性的设计师。可以说这一时期的设计管理方式是顺应了时代的发展变革，具有一定的时代性和历史性，同时也为后期的设计管理发展和定位奠定了基础。

三、系统化的设计管理阶段（20 世纪六七十年代）

第二次世界大战后期，随着国际政治格局的演变，逐渐形成的雅尔塔体系❷ 通过以合作扶持与相互制约方式，实现了世界由战争到和平的转变。1949 年成立的北大西洋公约组织❸ 和 1955 年成立的华沙组织❹ 标志着资本主义阵营和社会主义阵营对抗格局的形成。对抗双方彼此势均力敌，在避免新的世界大战爆发的同时，也形成了阵营内部政治和经济管理的系统化，即社会主义制度下的系统化设计管理与资本主义制度下的系统化设计管理。值得注意的是，第二次世界大战结束后，国际力量对比发生变化——欧洲在战争中受到严重削弱，美国的经济力量空前膨胀，苏联军事力量壮大，成为世界上唯一能够与美国抗衡的国家。因此，美国和苏联的设计管理在这个时期具有一定的代表性和标志意义。20 世纪 60 年代，由于苏联推行霸权主义政策，中苏关系恶化，

❶ 凡尔赛体系（Versailles system）：指第一次世界大战后，世界各国基于以《凡尔赛条约》为代表的一系列条约与协定形成的国际关系体系。
❷ 雅尔塔体系：对 1945—1991 年间国际政治格局的称呼，得名于 1945 年初美、英、苏三国政府首脑罗斯福、丘吉尔、斯大林在苏联雅尔塔举行的国际会议。会议后形成以美国和苏联两极为中心，在全球范围内进行争夺霸权的冷战，但不排除局部地区由两个超级大国直接或间接参与的战争，比如朝鲜战争。
❸ 北大西洋公约组织：简称北约组织或北约，成立于 1949 年，是欧洲及北美洲国家为实现与以苏联为首的东欧集团国成员相抗衡而建立的国际组织。
❹ 华沙组织：1955 年为对抗西方资本主义阵营——北大西洋公约组织势力而成立的以苏联及东欧国家为主的共产党国家政治军事同盟。

社会主义阵营不复存在；70 年代，欧共体和日本经济崛起，要求在经济政治上独立自主，不愿唯美国马首是瞻，资本主义阵营分裂，世界由两极格局演变为多极化趋势。于是，系统化的设计管理也由原来宏观的社会主义、资本主义阵营管理模式，转向相对微观的行业发展模式，设计管理更加专门化。如何使企业各职能部门间实现一体化连接，使企业资源能最优化配置等，成为设计管理的核心命题。

战后初期到 20 世纪 60 年代末美国称霸世界经济领域，70 年代后世界经济向多极化方向发展，从 60 年代到 70 年代这十年间，随着世界经济中心的转移，苏联、美国等老牌国家逐渐没落，出现了以西欧、日本为代表的新一批资本主义国家。而这一时期设计管理也得到了全新的发展，进入了系统化成形阶段。

四、战略资产管理阶段（20 世纪八九十年代）

20 世纪 70 年代以来世界经济和政治多极化在 80 年代继续发展，而势均力敌的美、苏两国既为了争夺世界霸权不断向外扩张，又不敢冒天下之大不韪挑起新的世界大战，所以开始了通过不诉诸武力的局部代理人战争、科技和军备竞赛、外交竞争等进行战略性的相互遏制。结果在 90 年代，随着东欧剧变和苏联解体，美国成了唯一超级大国，两极化格局宣告结束。在这一过程中，人们逐渐认识到了具有统领性的、全局性的、左右胜败的谋略、方案和对策战略的重要性，于是将这种观念在政治和经济领域中加以渗透，甚至将其视作能够为企业带来长期竞争优势的资产加以对待。与此同时，20 世纪后期包括火箭技术、航天技术、高能激光技术、微电子技术、计算机技术等在内组成的高技术群，尤其是国际互联网技术的发展，不仅进一步增强了设计管理中的数据模型分析，而且使跨国设计管理和跨文化设计管理变得越来越常见。因此，世纪之交的设计管理对于文化的重视超过了以往任何一个时代，而未来的设计管理也必将会在不断修正和平衡人的欲望中变化发展，并表现为一种开放的姿态。

在这一时期，随着设计管理体系逐渐成形，经济集团化的加快发展，出现了设计管理咨询的服务型组织，如孟菲斯组织、阿尔奇米亚事务所等具有代表性的设计机构，服务设计与非物态设计等新型设计概念也逐渐涌现出来，将设计的主题转向消费者，对非物态的产品进行设计等，进一步扩大了设计管理的范畴，使设计管理的概念更加丰富。

五、知识社会设计管理阶段（21 世纪以来）

当今世界经济发展的宏观趋势与特点是经济全球化在曲折中演进。生产力的高速发展成为经济全球化的主要推动力，各国不得不直面经济全球化的积极与消极作用，以科技为先导、以经济为中心，进而努力提升国家综合国力。

在此背景下，知识经济作为一种经济形态正在悄然兴起，在知识经济的模式中，知识、科技先导型企业成为经济活动中最具活动的经济组织形式，代表了未来经济发展的方向。知识经济是促进人与自然协调、持续发展的经济，其指导思想是科学、合理、综合、高效地利用现有资源，同时开发尚未利用的资源来取代已经耗尽的稀缺自然资源；知识经济是以无形资产投入为主的经济，知识、智力、无形资产的投入起决定作用；知识经济是世界经济一体化条件下的经济，世界大市场是知识经济持续增长的主要因素之一；知识经济是以知识决策为导向的经济，科学决策的宏观调控作用在知识经济中有日渐增强的趋势。

进入 21 世纪以来，以知识经济为背景，国家设计竞争力对于经济发展的积极作用被世界各国认可，包括中国在内的许多发展中国家纷纷开始关注设计产业、创意产业与国民经济发展的关系，并着眼于制定推动设计发展的相关国家设计政策。

与知识经济的时代背景与特征契合，设计管理迎来了新的发展阶段。随着高新科技、数字化媒体以及电商的兴起，多渠道零售、数字化、客制化赋能时尚品牌，催生知识经济社会背景下的设计管理方式演变。设计管理不仅仅是对设计资源的整合与提升，也不再仅局限于品牌本身，而是上升到了产业，乃至国家战略决策层面。与此同时，随着社会环保意识、社会伦理道德观念的不断增强，可持续设计和生态设计备受关注，如何在可持续设计理念下实践设计管理思维与设计手段的更迭是当下时尚品牌的重要议题之一。

第五节　本章小结

本章是全书的基础理论部分，以历史脉络为切入视角，通过时代精神、社会背景、历史事件等归纳总结设计管理这一概念的萌蘖与发展；探讨设计管理萌芽的主要因素及其在时代变迁过程中的内涵转变，并提出当代设计管理的定义与内涵，进一步分析设计管理的职能与维度；梳理与整合各个历史阶段社会各界学者对设计管理内涵的相关界定，依据历史视角以及不同时代的时代特征，将设计管理的发展过程划分为五个阶段，为下文展开聚焦于高级时装品牌的设计管理方式分析进行理论框架的搭建与前期铺垫。

第三章
高级时装品牌的设计管理

　　设计管理体系的建立是一个持续且漫长的过程。在其概念萌蘖时期，设计管理主要强调的是对设计项目的统筹安排和管理，此时的管理对象为设计项目。随着时代背景的改变，设计管理的概念和设计范围不断扩大，上至企业发展战略下至产品系列设计，其理论体系在实践中都起到至关重要的作用。同时，由于"设计"的概念越来越受到重视，设计管理的侧重点也从管理向设计偏移。随着时代发展，设计管理也从管理学的范畴独立出来，建立了自身的系统语言。

第一节　高级时装品牌的设计管理概念

　　设计管理既是一类跨学科的研究工具，同时也是一个全新的研究视角。鉴于 20 世纪初高级时装品牌所处时代及其商业运作和内部结构的特殊性，从设计管理视角审视高级时装品牌历史进程中的典型案例，不难发现这一时期的高级时装品牌多由高级时装设计师主导，设计决策与执行、管理决策与执行均由设计师一人完成，设计师个人兼具设计与管理职能。针对 20 世纪初的高级时装设计师所进行的设计与管理活动，借鉴已有的设计管理相关理论，将高级时装设计师基于设计层面与管理层面所进行的设计活动与商业实践具体划分为设计、运营和战略三个维度。借鉴已有研究对设计管理的认知，结合 20 世纪初的时代语境，将高级时装品牌的设计管理方式归纳为：

一是由高级时装品牌设计师设计与管理的双重职能驱动；二是以解决设计问题为导向，指向高级时装品牌设计效益与盈利能力的提升；三是涵括设计、运营、战略三维度并加以统筹的设计与管理过程。

笔者将高级时装品牌放置于设计管理的视角之下，审视高级时装设计师及其高级时装品牌的设计运营活动，能够更为清晰地看到高级时装设计师在某一特定的时代背景下，是如何通过设计管理方式对其个人的高级时装品牌进行整体运作。区别于当代高级时装品牌有明确的设计部门与管理部门划分，高级时装品牌的所有者往往需要同时进行设计层面与管理层面的活动，这也使得高级时装设计师往往需要同时兼顾设计与商业运营的各项活动。

在设计管理视角下，解析高级时装设计师的职能与高级时装品牌设计管理方式，通过对高级时装品牌典型案例研究，以映射某一特定时代背景下的高级时装产业的状态。

据此，我们认为高级时装品牌的设计管理研究主要在于，阐释特定时期高级时装设计师及其高级时装品牌设计运营活动的内在含义及其所映射的时代精神，并对其中所存在的主客观因素加以分析，以启发尚处于发展完善中的当代高级时装品牌的设计管理学科。

第二节　高级时装品牌的设计管理职能

高级时装是根据顾客特定的着装需求，量体裁衣、手工制作的个性化定制时装，也称高级定制时装。它以顾客为中心，以设计师的服务为重点，倾注设计师的才能与精力，强调专属性和个性化。其重点在于体现设计师与穿着者的个人风格，是艺术化时装的最高境界。因此，高级时装设计师在高级时装品牌的发展过程中担任着不可或缺的重要职责。在设计管理的视角下，结合其发展的特殊性，在各个阶段中的设计师往往具有设计与管理的双重职能，并涵盖了计划、组织、人事、领导以及控制五项基本的设计管理职能。其中，高级时装品牌的设计管理工作可分为两个层次：一是宏观管理，即分化出具体的设计管理部门对于高级时装品牌所运作的各个项目的宏观把控与管理；二是微观管理，即设计管理是讨论在以品牌设计师为核心的专注于高级时装品牌的设计层面与管理层面进行统一的设计协调与资源配置。而对于高级时装品牌而言，重点值得探讨的是在设计任务下达后，设计管理工作如何通过具体的运作流程来达到品牌的高效运作。

高级时装品牌设计师的设计职能范畴不仅局限于高级时装与配饰的设计，同时也囊括了基于服饰设计风格的店铺视觉展示等多个方面的细节与整体把握。在这一职能的要求下，设计师所需要做的便是审时度势的进行服饰设计，感知时代精神的转变，体察消费者市场的新趋势。19世纪末至20世纪初的法国乃至世界均在经历剧变——受到工业革命冲击的欧洲社会，新兴资产阶级群体登上历史舞台；加上新艺术运动的爆发，设计受其影响开始在各个层面转变，全新的审美方式也应运而生。于是，在消费者市场的主导下，高级时装设计师在设计风格、样式，销售推广方式，店铺装饰等方面都发展出了全新的内容。

同样，在设计管理的视野下，管理职能与设计职能有所区分，涉及高级时装品牌的运营和战略维度。管理职能注重高级时装品牌整体发展状况，以及内部组织结构的管理方式。

总之，高级时装品牌的设计与管理层面是并行运作的，在设计师完成设计决策与设计执行时，便会转向管理层面，构思产品应以何种方式、通过何种渠道进行展示与销售，并将其一系列的管理决策转化为管理执行。

第三节　高级时装品牌的设计管理维度

2010年美国设计管理机构将设计管理定义为"设计管理包括设计流程、商业决策和战略"。基于此，可以将高级时装品牌进行的设计活动与管理活动具体归纳为设计、运营和战略三个维度进行审视。

其中，设计维度包括高级时装品牌设计师在高级时装品牌运营期间对设计的整体把控，包括高级时装品牌设计师所使用的艺术风格、设计灵感来源、设计方式等，以及高级时装品牌设计师所进行的设计转变及其背后所蕴含的时代精神变化。

运营维度包括高级时装品牌的视觉展示、销售推广方式等。在高级时装品牌逐渐体系化的发展过程中，品牌的视觉展示与销售推广方式多带有高级时装品牌设计师的个人色彩，并在一定程度上反映了高级时装品牌设计师的核心形象价值以及其商业运营思维。

战略维度包括高级时装品牌设计师针对品牌发展全局态势所制定且需长期执行，具有长期目标指向的规划。战略维度同时整合了高级时装品牌的内、外部综合资源，如积极开拓海外市场，借助先进数字化信息传播手段使高级时装品牌持续拓展市场规模、品牌标识更新迭代，不断深化目标消费者对于高级时装品牌的形象与理念认知；又如产品线扩展，通过产品开发将高级时装品牌原先单一的服饰产品进行扩容，加入室内装饰与化妆品等新产品线，填补高级时装品牌的市场空隙，增加高级时装品牌市场覆盖率与销售利润。因此，将开拓海外市场与产品类别扩展等举措放置于高级时装品牌设计管理的战略维度之中进行分析。

以上三个维度涵盖了高级时装品牌设计管理活动的各个方面，高级时装品牌设计师需进行多维度的设计管理考量，最终才能指向其高级时装品牌的高效运作（图3-1）。

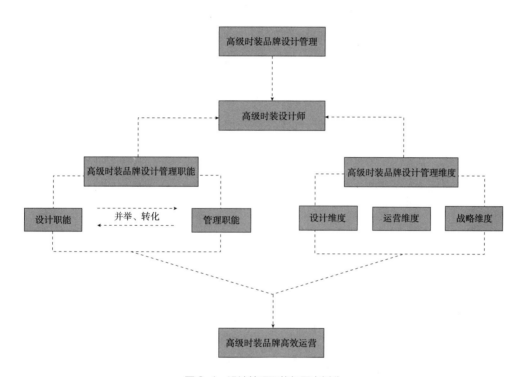

图3-1　设计管理职能与要素划分

延伸阅读：19世纪中叶以来高级时装品牌的世博会参展情况及其设计管理意识

查尔斯·沃斯在1858年创建高级时装屋以前，已代表其所在面料公司——加日兰参展1851年和1855年的博览会。虽然在此次博览会上还未有服装品牌和服装设计师的概念出现，但依然能够找到服装类别奖项的相关参展记录。随着1858年沃斯高级时装屋的成立与发展，法国高级时装产业逐步兴起，以沃斯、杜塞、帕昆等人为代表的一批法国高级时装设计师开始登上世界时尚舞台，活跃于19世纪末至20世纪初的各大国际性博览会上。作为法国对外贸易的重要组成部分，法国高级时装品牌将各大世博会作为自身国际化的重要契机与展示平台，向世界展示自身的独特魅力，在此过程中不断将品牌的规模与影响拓展至全球范围，自此奠定了法国高级时装产业在世界时尚话语体系中的地位，提升了法国高级时装的品牌影响力。

国际博览会信息

- 1851 年伦敦世博会（英国）/Great Exhibition of the Works of Industry of all Nations 1851

- 1855 年巴黎世博会（法国）/Exposition Universelle des produits de I'Agricuture, de L'industrie et des Beaux-Arts de Paris 1855

- 1894 年安特卫普世博会（比利时）/Expo Antwerp 1894

- 1897 年布鲁塞尔世博会（比利时）/Expo Brussels 1897

- 1900 年巴黎世博会（法国）/Exposition Universally et international de Paris 1900

- 1905 年列日世博会（比利时）/Liège International Expo 1905

- 1910 年布宜诺斯艾利斯国际博览会（阿根廷）/La Exposición Internacional del Centenario

- 1910 年布鲁塞尔世博会（比利时）/Exposition de Bruxelles 1910

- 1911 年都灵世博会（意大利）/Expo Torino 1911

- 1915 年旧金山世博会（美国）/The 1915 Panama Pacific International Exposition

法国高级时装屋参展情况

- 1900 年巴黎世博会（法国）参展的高级时装屋

  艾因·蒙泰尔（Aine-Montaillé）

  巴洛因（P. Barroin）

  博奈尔（Bonnaire）

  浮标姐妹（Boué Soeurs）

  卡洛姐妹（Callot Soeurs）

  道维莱特（G. Doeuillet et Cie）

  费利克斯（Félix）

  拉斐里荷（Maison Laferrière）

  布兰奇·勒布维尔（Blanche Lebouvier）

  人造奶油（Margaine Lacroix）

  尼姐妹（Ney Soeurs）

- 1905 年列日世博会（比利时）参展的时装屋

  帕昆（Paquin）

  佩杜（Perdoux Bourdereau Verdon et Cie）

欧内斯特·劳德尼茨（Ernest Raudnitz）

雷德芬（Redfern）

罗夫（Rouff）

萨拉·梅尔（Sara Mayer）

瓦格妮（Vaganey）

沃斯（Worth）

杜塞（Doucet）

斯塔斯（Stasse et Cie）

卡雷特（Carette ）

科尼亚克（Cognacq ）

菲洛特（Fillot）

里科伊斯（Ricois）

卢塞特（Lucet et Cie）

吉鲁特（Giroult）

卡恩（Kahn）

哈勒克斯（Halleux）

兰斯（Lance）

帕昆（Paquin）

佩杜（Perdoux）

博尔德罗（Bourdereau）

维隆（Véron et Cie）

第四节　本章小结

　　本章简要概括了设计管理这一跨学科理论的发展进程，由最初用于解决设计问题至 20 世纪末转变为对组织资源的有效调用，直至当代演变为囊括了设计、运营、战略三个主要维度的跨学科综合性研究理论。结合前一章有关高级时装与高级时装品牌的论述，推导出当代高级时装品牌设计管理所具有的结构特点与理论内涵。设计管理作为一种特殊管理的方式，将高级时装品牌放置于设计管理的视角之下，审视高级时装品牌设计师及其高级时装品牌的设计运营活动，能够更为清晰地看到高级时装品牌设计师在某一特定的时代背景下，是通过某种特殊的设计管理方式对其高级时装品牌的运营发展进行整体把控。随着品牌的架构体系不断发展优化，当代高级时装品牌分化出明确的设计部门与管理部门。但高级时装品牌的设计管理也仍以品牌设计师为核心，进行设计层面与管理层面的协调与统筹活动。

　　设计管理视角下，以解析高级时装品牌设计师的双重职能与高级时装品牌设计管理的导向性以及三个主要维度为主要研究内容，能够涵盖高级时装品牌的各个方面，并通过高级时装品牌的单个案例研究映射某一特定时代背景下的高级时装产业状况。因此，高级时装品牌的设计管理是由高级时装品牌设计师驱动，以高级时装品牌核心消费群为中心与导向，基于设计与管理的双重职能，以设计问题的解决为主要目标，包括设计、运营、战略三个维度的设计与管理过程。

第二部分

高级时装品牌

设计管理

典型案例

法国世博会展出的杜塞高级时装（1900 年）

　　高级时装产业萌芽于 19 世纪中叶的法国，在高级时装产业萌芽阶段，时尚消费群体包括法国皇室贵族与旧资产阶级。一方面，高级时装满足了他们对奢华衣着的物质需求；另一方面，契合了当时上流社会的审美趣味与炫耀式生活方式。

　　19 世纪末至 20 世纪初，工业革命洗礼下的法国历经了生产方式、社会结构、人文思潮等方面的剧变，新兴资产阶级逐渐取代了贵族阶级，成为时尚的引领者。此后的半个世纪中，以查尔斯·沃斯、保罗·波烈、雅克·杜赛、艾尔莎·夏帕瑞丽为代表的一批高级时装设计师逐一登上时尚历史舞台。期间，法国政府始终致力于提升法国时尚的世界话语权，特别是在 1900 年的巴黎世博会上，政府积极推出当时巴黎最负盛名的沃斯与杜塞高级时装屋参展。于是，沃斯与杜赛响应法国政府号召，积极参与了 1900 年的巴黎世博会中的"纱线织物与服饰宫展览"（Le Palais des Fils et Tissus et Vêtements）。

　　这次商业性展览推进了法国高级时装屋的全球化进程，也为后续法国高级时装屋探寻到一种艺术与商业并举的设计运营方式，提升了巴黎的世界时尚影响力。曾在沃斯与杜赛高级时装屋学习过的保罗·波烈深受影响，在成立自己的高级时装屋后也积极拓展海外市场，而后这一市场拓展方式成为法国高级时装屋的普遍做法。

　　19 世纪末 20 世纪初的法国在国际妇女权利大会召开影响下女性主义运动风靡，这一时期的高级时装设计师群体也开始了响应时代精神转变的设计思考。保罗·波烈作为其中的典型案例，通过取消女性紧身胸衣解放女性身体的设计，转变了西方时尚一贯塑造型体的审美视角，将法国高级时装带入一个全新发展时代。他一方面受到新艺术运动的影响，创造性地将东方服饰形制纳入西方审美体系，并联合当时活跃于巴黎艺术圈的俄罗斯芭蕾舞团及其领袖贾吉列夫（Serge Pavlovich Diaghilev）❶ 共同推进"东方风格"风靡巴黎；另一方面，他顺应 19 世纪末的女性主义浪潮，迎合西方新兴资产阶级女性群体期望解放身体的集体诉求，审时度势地推出了宽松廓形的服饰品。

---

❶ 贾吉列夫从 1907 年起，每年利用假期举办俄罗斯演出季，组织俄国音乐家、舞蹈家去欧洲主要国家巡回演出。1909 年 5 月在巴黎首届芭蕾演出季上，演出了 Mikhail Mikhailovich Fokin 的《阿尔米达的帐篷》《埃及之夜》《仙女们》等作品，获得巨大成功。随后于 1913 年正式成立贾吉列夫俄罗斯演出团。

第四章
查尔斯·沃斯高级时装屋
及其设计管理方式

在设计管理的萌芽阶段,被誉为"高级时装定制之父"的查尔斯·弗雷德里克·沃斯(Charles Frederick Worth,1825—1895)对沃斯时装屋及其品牌种种划时代的、具有设计管理意味的创新做法,可以被视为设计管理萌芽阶段的尝试。若将设计管理的概念放置于沃斯时装屋,其成就不止来源于其独到而贴合时代诉求的款式设计,更来自于品牌视觉设计与标识、组合式设计生产方式、沙龙展示与定制服务,以及全球业务拓展。从设计管理的视角来看,可归纳为品牌管理、生产管理、营销管理与战略管理。沃斯当时在其高级时装屋经营过程中开展的多项设计管理实践,在某种程度上,已然超越半个多世纪以后迈克尔·法尔的设计管理范畴,因而更具研究价值。

第一节 沃斯高级时装屋的发展阶段

19 世纪下半叶,法国街头开设的沃斯高级时装屋吸引了大批法国上流社会的名流贵族,以及世界范围内的宫廷贵族与资本家。本章将从历史角度分析沃斯高级时装屋运营方式与其时代背景的关联。

一、起步阶段（1838—1851 年）

青年时期，沃斯在实体商店的工作经历使之积累了关于纺织品的知识和经验，以及对织物的手感和性能的大量一手资料，并且在如何礼貌地接待客户方面得到了宝贵的历练机会。1845 年，20 岁的沃斯怀揣着对高级时装行业的热情，离开伦敦来到巴黎。沃斯在加日兰（Gagelin）高级面料商店里担任推销助理期间，主要为那些最时髦的女士们如维尼翁夫人（Mesdames Vignon）和当时著名的裁缝店巴尔米拉 & 罗杰（Palmyre & Rodger）服务。这段工作经历让沃斯对宫廷个性和品位有了深刻的见解，沃斯开始真正接触到法国上流社会的时尚。

二、发展与成名阶段（1851—1870 年）

与沃斯事业逐渐上升相辉映的是此时的法国也发生着巨大的变化，各种奢华的娱乐活动充斥上流社会，吸引着海外的贵族、资本家从四面八方涌来。在代表加日兰商店参加了 1851 年第一届世界博览会以及 1855 年的巴黎世界博览会后，沃斯离开了加日兰，与来自瑞典的奥托·博伯格（Otto Bobergh）在皇宫附近以及周围布满豪华公寓的街道开设了沃斯时装屋（Maison Worth）。沃斯给参加皇宫宴会的梅特涅奇公主（Princess von Metternich）设计的礼服吸引了当时掌握法国社会流行话语权的欧仁妮皇后（Eugénie de Montijo）的注意。这个时期，法国的欧仁妮皇后是当之无愧的时尚偶像，加之位于时尚中心巴黎，更是引领着整个欧洲的时尚。自此，沃斯便成为各国上流社会贵妇人追捧的高级时装设计师。

三、变革阶段（1870—1871 年）

随着普法战争拿破仑的落败，欧仁妮皇后也离宫流亡，这意味着作为时尚引领者的沃斯时装屋失去了坚实的皇室支撑。面对政治变革下的压力，沃斯时装屋也发生了翻天覆地的变化。失去了帝国的支持者，沃斯的合作伙伴奥托·博伯格看不到时装屋的未来与希望，决定回到瑞典。此时的沃斯时装屋经历着前所未有的低谷。

四、复兴阶段（1871—1895 年）

1871 年 3 月，沃斯带着妻子、两个儿子以及 1200 名雇员将时装屋重新开业，公司的标签从此只有沃斯一个人的名字（WORTH）。普法战争后，旧体制被新政所取代，营造了一个全新的景象，沃斯时装屋开始独立发布流行咨询，之前所积累下的名望成为沃斯巨大的资源。自此，设计师赢得了独立，他们的设计不再受宫廷左右。沃斯的儿子继承父业，并开创了巴黎高级时装公会（Chambre Syndicale de la Couture Parisienne），至今仍影响着法国巴黎的高级时装产业。

第二节　沃斯高级时装屋的运营方式

一、品牌视觉设计与标识

在 19 世纪西方高级时装产业中，沃斯率先将自己的品牌标识（现称为"布标""织唛"）绣于自己的高级时装上。凭借超前的商业头脑，沃斯在时装屋初创时期就设定了自身的品牌标识，这无异于开启了品牌管理的先河。图 4-1 所示为 1860—1870 年间沃斯高级时装屋最初使用的标鉴，标鉴最上边的 WORTH & BOBERGH 分别代表两位合伙人的名字，中间的图形为品牌标志，最下边的一行为时装屋的店铺地址，这是高级时装屋最初的品牌标识组合，这也代表百年前高级时装品牌概念的外在视觉形式。

普法战争后，随着合伙人奥托·博伯格的离去，沃斯于 1871 年将重新开业后的高级时装屋产品的标签改为 WORTH，并继续将店铺地址按原来的方式置于下方。这不难看出，依据现实情形的变化，沃斯对其品牌形象的重视程度非比寻常，也体现了在品牌管理上的坚守与执著。

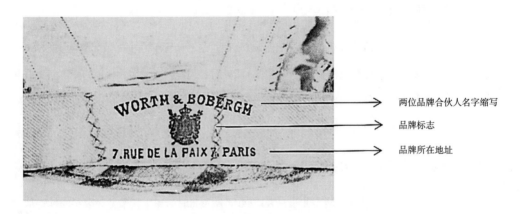

图 4-1　沃斯高级时装屋原始标签

法国是当时世界时尚的圣殿，于是在 WORTH 品牌的标识上突出"PARIS"（巴黎）的字样，似乎暗示着品牌的纯正巴黎血统和法国文化自信。沃斯对高级时装产业有着敏锐的市场感知能力与创新意识，高级时装屋所传递的品牌概念蕴含他对自身设计的自信以及内在价值的表达（图 4-2）。

图 4-2　重新开业后的沃斯时装屋标识

二、组合式设计生产方式

百年前的生产管理远不及当代流水线生产来得高效，但其依然需要经营者在面对临时订单时即时进行生产与设计过程的管理。19 世纪的法国宫廷盛行化装舞会，然而短时间内收到的宫廷舞会邀请使得沃斯高级时装屋需要在一周内完成数千件晚宴礼服的订单制作。高级时装屋面对其大量客户需求时依旧保持了其制作效率和独创性的设计，这得益于沃斯所采用的组合设计的生产方式，即将高级时装的局部款式结构设计成可以互换选用的模块式组件。此举不仅提高了制作效率，更避免了重复的尴尬。沃斯是一位极具创新的设计师，他的礼服由许多标准的可互换部件制成。例如：一个袖子可以搭配不同的紧身胸衣，或者一件紧身胸衣搭配不同的袖子；每件紧身胸衣都可以和一系列裙子组合等。加之各种各样的华丽面料以及辅料的组合，人们可以想象出几乎无穷无尽的高级时装排列组合方式，而这所有的组合设计工作都必须在沃斯的高级时装屋里完成（图 4-3）。

图 4-3　沃斯高级时装屋设计制作的礼服

三、沙龙展示与定制服务

沃斯运用独特的沙龙方式，向社会贵族女性展现最新的时尚款式，提前进行预约定制。沙龙从 17 世纪到 19 世纪一直是巴黎精英阶层生活中最重要的社交组织。高级时装屋以时尚沙龙的形式向上流社会的贵妇人们展现沃斯最新的设计作品。根据相关史料，我们可以大体勾勒出这样一幅场景：客户们围坐成一圈，由真人模特穿着展示新款礼服，沃斯则在一旁为各位莅临的顾客讲解，听取客户们的需求以及喜好，并在模特所穿着礼服的基础上根据每位客人不同的要求调整款式或者颜色。这种实物展示的销售方式不仅保证了高级时装定制的人性化，也融入了个性化特点。相对于工业时代大批量机械化生产的"快餐"产品，沃斯所引领的是一种时代精神倡导下迎合新兴资产阶级群体的奢华时尚。

四、全球业务拓展

1851 年的"水晶宫"博览会 ❶ 和 1855 年的法国巴黎博览会 ❷ 让沃斯注意到，新的铁路和蒸汽轮船带来了更加便利的交通，各国的往来交流趋于频繁。沃斯认为，国外买家应该拥有和法国本土顾客同样的机会购买到质量有保证、款式多样的法国高级时装，还可以为他们提供任何材料的漂亮衣服。如果厌倦了丝绸，也可以用天鹅绒、薄纱、织锦或其他面料来制作。由此国际客户纷至沓来，沃斯作为英国人能够使用流利的英语与国外客户交流，这在巴黎高级时装设计师中有着得天独厚的优势。沟通交流的顺畅保证了沃斯可以充分了解国外客户的需求，避免了不必要的订单上的误解与疑惑。1877 年，美国的钢铁大王摩根（J.Pierpoint Morgan）曾携妻子光顾沃斯的高级时装屋。后来他们甚至成为亲密的好友，这与沃斯在社交能力与英语上的优势不无关系。记者阿道弗斯曾采访过沃斯："哪个国际顾客愿意花费最多？"沃斯的回答是那些乐于花费巨额法郎的美国客户。此外，来自俄罗斯、英国、秘鲁、智利、德国、奥地利以及法国本地的客户们也纷至沓来，想要穿上这位声名远扬的高级时装大师所设计的高级礼服。各个国家上流社会的社交往来以及外事活动、政治名流聚会的传播影响，对当时沃斯高级时装的推广起到了毋庸置疑的关键作用。

---

❶ 1851 年英国在伦敦海德公园举行了世界上第一次国际工业博览会，由于博览会是在"水晶宫"展览馆中举行的，故称之为"水晶宫"国际工业博览会。

❷ 法国于 1855 年 5 月 15 日举办的世界工农业和艺术博览会，主题为农业、工业和艺术。

第三节 沃斯高级时装屋的推广方式

一、名人效应

沃斯最初为社交名人梅特涅奇公主设计的礼服在宫廷晚宴上引起了法国时尚界的引领者欧仁妮皇后的注意，随后沃斯便成为欧仁妮皇后的御用礼服设计师。沃斯不仅仅为梅特涅奇公主和欧仁妮皇后设计奢华的服饰，还与之建立了深厚的友情，她们凭借自身知名度通过所在的社交圈宣传着沃斯高级时装屋华美的服饰，这引起了上流社会其他女性的注意与光顾。此后出现的高级交际花科拉·珀尔、女演员莉莉·兰特里等也都成为沃斯高级时装屋的忠实顾客，并以她们自身的社交影响力扩大了沃斯高级时装屋的知名度。

二、杂志推介

1863 年沃斯首次被时尚杂志《一年到头》（*All the year round*）提及，报道中写道：谁能想到在 19 世纪中期后，一个男裁缝，能够给巴黎最尊贵的女性们制作衣服并指挥着她们的行动（图 4-4 和图 4-5）。

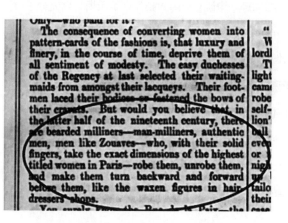

图 4-4 《一年到头》杂志中提及沃斯的内容（1863 年）

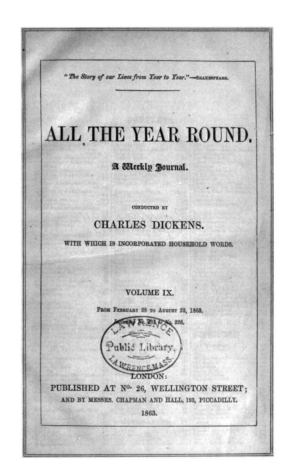

图4-5 《一年到头》杂志的封面

到 1870 年，沃斯及其时装屋更频繁地被各大时尚杂志报道。此外，沃斯高级时装屋最初在 19 世纪盛行的一些时尚出版物上展示其创意设计。到了 19 世纪末，沃斯高级时装屋开始在《时尚芭莎》（*Harper's Bazaar*）、《女王》（*The Queen*）以及法国版《时尚画报》（*La mode illustrée*）上刊登整页的宣传图片，从而成为时尚引领者。到 20 世纪，沃斯高级时装屋又在《邦顿公报》（*Gazette du bon ton*）和《时尚》（*Vogue*）等较新的出版物上进行广告宣传。

三、人员推广

1859 年，沃斯让其夫人带着设计作品集登门拜访梅特涅奇公主并成功赢得皇室订单，这是沃斯高级时装屋所做的最初的人员推广方面的尝试。此后，在沃斯高级时装屋沙龙中，沃斯会向顾客就模特展示的穿着进行介绍以及交流，并依据顾客的个人意见对其订购的商品进行色彩、款式等的具体的调整，这种人员推广方式使沃斯高级时装屋的设计产品更加贴合顾客的定制需求，进而促成订单。

四、时尚沙龙

沃斯高级时装屋为了建立和维持良好的品牌形象，宣传设计作品，定期举办沙龙并对时装屋的内部装潢进行了相应的调整。沃斯时装屋内设有多个展厅，铺满了异国情调的鲜花，并将展厅装扮得像贵族的家庭客厅，配合相应的灯光，给人以亲切舒适和奢华的双重视觉体验，名流贵族等因沃斯的沙龙而聚集在一起，观看模特展示，进行有关高级时装的讨论、展示、欣赏和订购，享受着沃斯呈现的高级时装的视觉盛宴（图 4-6）。

图 4-6　位于巴黎的沃斯高级时装屋的内部装潢

第四节　本章小结

作为西方时尚历史样本的典型案例，沃斯高级时装屋的设计运营发展过程中呈现出对设计、生产、推广、销售、服务等各个环节的综合控制，特别是其推广方式的运营，已然具有当代品牌意味。

一、设计运营并举

沃斯身兼设计师、艺术家和商人的身份，围绕高级时装客户群，与里昂及周边地区纺织与装饰生产商建立合作关系，采用奢华的面料、精巧的立体剪裁、繁复的装饰、可变换的组合设计创造出被誉为"艺术品"的高级时装，创造性地采用真人模特走秀展示与售卖高级时装，满足当时上流社会女性对华服的需求。此外，沃斯高级时装屋还不断扩大经营范围，包括成衣销售、面料销售、图案纹样销售、款式图版权销售等，建立了跨大西洋的出口业务。沃斯还将设计与运营高效统筹于其他高级时装屋，给予其他时装屋借鉴与启发。

二、推广借力造势

沃斯善于利用各种资源造势进行推广以打通销路，借助报纸杂志宣传、名人效应、商业广告、时尚沙龙等推广手段吸引受众群体。在普法战争前的近十年期间，迅速将其时装屋的名声远播海外，并成为其他高级时装屋效仿的对象，进而推动了法国高级时装产业的发展，扩大了法国在西方时尚的影响力。

三、服务与时俱进

随着沃斯高级时装屋的逐步发展，其服务质量和服务方式也不断得到改善。沃斯高级时装屋为顾客创造了一个优雅舒适的时尚沙龙空间，提供了满足上流社会女性炫耀欲望的华丽服饰；并针对特定顾客的具体需求做出高级时装上的相应调整，对不方便前来的他国顾客给予周到的邮寄服务。与之相对，顾客给予沃斯高级时装屋高昂的服务费用并于无形间扩大了沃斯高级时装屋的知名度。这种互利共生的服务与被服务的关系继而推动了沃斯高级时装屋的发展。

19世纪中叶的西方，随着工业革命在英国的基本完成，出现了许多关于如何平衡手工艺与机器生产以及如何驾驭市场与运营的典型案例。如英国著名陶瓷品牌韦奇伍德，英国艺术与手工艺运动代表人物威廉·莫里斯及MMF公司，或是本章探讨的沃斯高级时装屋。这些案例所映射出的是一种面对困惑的思考，或称之为机器与手工生产方式对抗进程中的对立与妥协共存。同一时代背景下，不同领域的设计师们不约而同地思考与从事着设计管理实践。于是，19 世纪中叶至20 世纪初，英国高级时装设计师沃斯植根于法国时尚文化与当时引领世界的法国时尚体系，以独特的历史、经济、艺术、政治背景与消费群体构成了其品牌发展的内、外部环境，以放眼全球的广阔视野开创了高级时装品牌，并凭借其超前的品牌设计管理意识使其时装屋在发展进程中逐渐沉淀，最终形成一种品牌特有的生产、销售、推广方式。

沃斯时装屋的种种划时代的、具有设计管理意味的创新做法可以被视为设计管理萌芽阶段的典型案例。还原特定社会背景下沃斯高级时装屋的四个发展阶段以及运营模式，挖掘以沃斯高级时装屋设计管理实践中特有的在品牌视觉设计、组合设计生产、沙龙展示与定制业务、海外销售业务拓展方式，不仅可以遥望过去，更能够映射当下。

第五章
保罗·波烈高级时装屋
及其设计管理方式

　　19世纪末至20世纪初的法国，伴随世界政治格局、经济体制、艺术思潮、社会生产方式骤变，旧资产阶级逐渐退出历史舞台，取而代之的是价值观念与审美趣味迥异的新兴资产阶级群体。以保罗·波烈为代表的高级时装设计师群体，较早地意识到了时代精神、销售对象、生产方式的骤变，审时度势地调整设计运营方式。一方面，回应"东方主义"与"女性主义"风格兴起，保罗·波烈创造性地将东方服饰形制纳入西方服饰审美体系；另一方面，保罗·波烈首创"沉浸式时尚聚会"展演方式，综合展示设计、事件性营销以提升消费体验。此外，这一时期的保罗·波烈、查尔斯·沃斯、雅克·杜赛等高级时装设计师群体先后拓展海外市场。其中，沃斯与杜赛积极响应法国政府号召，参与了1900年巴黎世博会并作为主力参展其中的"纱线织物与服饰宫展览"。这为此后保罗·波烈萌发海外市场拓展计划，借助当时美国相对先进的时尚传播媒介，以演说、展览等形式积极传递设计理念，树立高端且有内涵的"法国高级时装设计师"形象埋下伏笔。

　　作为20世纪初法国高级时装产业发展进程中的历史样本与法国时尚世界话语权建构过程中的标识性品牌，保罗·波烈高级时装屋的设计运营方式及其所映射的时代精神，为我们厘清设计管理萌芽阶段的特征乃至概念界定提供了参考。

第一节　保罗·波烈高级时装屋的发展阶段

保罗·波烈（1879—1944 年）出生于巴黎的一个布商家庭，自 1896 年起先后任职于杜塞❶
高级时装屋、沃斯❷ 高级时装屋。在杜塞高级时装屋工作期间，他所设计的赤罗纱斗篷（Red
Cloth Cape）❸ 热销，但他很快离职入伍。退伍后的他又于 1901 年加入了沃斯高级时装屋，负
责设计简洁实用的裙装，随后于 1903 年开设了保罗·波烈高级时装屋。以第一次世界大战为
转折点，我们将保罗·波烈高级时装屋划分为三个发展阶段（图 5-1）。

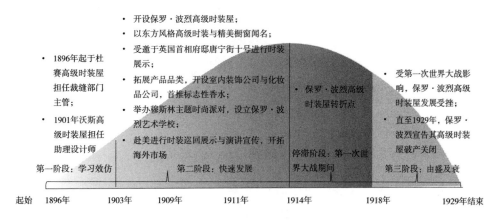

图 5-1　保罗·波烈高级时装屋的三个发展阶段

一、学习效仿阶段

保罗·波烈自小熟悉面料生意，❹ 对时装有着极大热情，青年时期就自学高级时装设计并将
设计稿出售给知名高级时装设计师（图 5-2）。1896 年，他开始为当时巴黎最负盛名的高级时装

---

❶ 雅克·杜塞（Jacques Doucet），20 世纪初著名的法国高级时装设计师、艺术鉴赏家，以设计奢华礼服和
定制套装闻名。

❷ 查尔斯·弗雷德里克·沃斯（Charles Frederick Worth），19 世纪高级时装设计师，第一位在欧洲出售设
计图给服装厂商的设计师，也是第一位开设时装沙龙、时装表演的设计师。

❸ 赤罗纱斗篷由红色羊毛制成，领口样式为翻领，搭配着灰色双绉衬里，由保罗·波烈于 1898 年为杜塞高
级时装屋设计。

❹ 保罗·波烈的父亲奥格斯特·波烈（Auguste Poiret）是一位在巴黎有影响力的布商，从小接触面料为波
烈日后在高级时装业的发展奠定了基础。

图 5-2　保罗·波烈青年时期为露易丝·谢鲁特 ❶ 设计手稿

---

❶ 露易丝·谢鲁特（Louise Chéruit），19 世纪末 20 世纪初最具影响力的女装设计师之一，也是创立法国高
　级时装屋的首批女性之一。

设计师雅克·杜塞（Jacques Doucet）工作。1901 年，他完成兵役后回到巴黎又受雇于沃斯高级时装屋。这一阶段他学习了沃斯与杜塞高级时装屋的运营方式，且设计思想不断成熟，为后来保罗·波烈高级时装屋的独立积累了必要的设计与运营经验。

二、快速发展阶段

1903 年，24 岁的保罗·波烈在获得家族资助后，在巴黎欧泊街五号（5 Rue de l'ober）开设了自己的高级时装屋。此后，保罗·波烈高级时装采用的"女性自由"❶ 设计风格吸引了来自新兴资产阶级的女性群体青睐，加之标识性的精美橱窗设计，保罗·波烈高级时装屋很快在巴黎时装界崭露头角。此时他便开始尝试借鉴东方传统纹样与宽松廓形进行高级时装设计，1905 年推出的以中国元素为灵感的高级时装"孔子"是其最早的东方风格设计尝试。在这一阶段，保罗·波烈高级时装屋的影响力不断提升，不仅享誉巴黎，且闻名欧洲❷。1909 年，玛戈特·阿斯奎斯❸ 就曾邀请他于唐宁街十号的英国首相府展示其作品，为保罗·波烈高级时装屋吸引了大批英国上流贵族顾客。

1910 左右，贾吉列夫（Serge Pavlovich Diaghilev）领导的俄罗斯芭蕾舞团风靡欧洲，东方主义艺术风格风流行，为保罗·波烈推出东方主义风格的高级时装设计作品完成了相应的市场准备。自此，保罗·波烈完全进入东方主义风格为核心的设计阶段，陆续推出的"土耳其蹒跚裙""灯笼裤"等作品均吸收了大量中东传统服饰元素，东方主义也成为了保罗·波烈高级时装屋的标识性设计风格。成名之后，他还涉足了服饰品、化妆品、甚至室内装饰，并以他的两个女儿"罗莎"（Rosine）和"玛汀"（Martine）为名创立了保罗·波烈高级时装屋附属的化妆品公司与室内装饰公司（图 5-3）。

保罗·波烈的经典设计多诞生在创立高级时装屋后的十年（1903—1913 年），1913 年第一次世界大战前夕，保罗·波烈的时尚影响力也达到了巅峰，他不仅被巴黎高级时装界称为"时装大帝"❹，更在美国被誉为"时装之王"（King of Fashion）。

---

❶ Liberal feminism，自由女性主义。风行于 18 世纪到 20 世纪 60 年代，关注女性的个人权利和政治、宗教自由，女性的选择权与自我决定权。

❷ Troy, Nancy J. Paul Poiret's Minaret Style: Originality, Reproduction, and Art in Fashion：Poiret's Orientalism as well as his classical simplicity would be seen not just by those wealthy women who could afford to travel to Europe and patronize his couture house in Paris but also, and more crucially, by a vast middle- class clientele.

❸ 玛戈特·阿斯奎斯（Margot Asquith），英国首相 H.H. 阿斯奎斯的妻子。

❹ 时装大帝（Le Magnifique）这一称号藉由苏莱曼大帝（Süleyman the Magnificent）的名字得来。

图 5-3　保罗·波烈的室内装饰设计作品

三、由盛及衰阶段

第一次世界大战成为了保罗·波烈高级时装屋由盛及衰的转折点。1914年，保罗·波烈主动应征入伍，一度中止了对其高级时装屋的运营管理，这一举动为欧美各大主流时尚杂志所报道，可见他此时在高级时装产业内的地位举足轻重（图5-4）。1916年，保罗·波烈再次应征入伍，战争期间的他无暇顾及高级时装的设计，战后疏于经营的保罗·波烈高级时装屋已几近破产。同时，由于战后社会变革，人们更为关注城市重建与经济复苏，巴黎也涌现出一批以香奈儿为代表的新兴设计师，冲击了原有的高级定制时装市场，保罗·波烈奢靡的设计风格已难以契合新的市场需求。

图5-4　参加第一次世界大战的保罗·波烈

第二节　保罗·波烈高级时装屋的设计与运营

一、保罗·波烈所承担的设计职能

作为高级时装屋的创建者，保罗·波烈一方面调整了所设计高级时装的艺术风格、服装结构、面料色彩等设计要素，顺应当时女性主义、东方主义风格的兴起，借鉴东方服饰结构，创造性地采用了一种融合东西的服装设计方式；另一方面，保罗·波烈积极拓展现有产品线，甚至成立了独立的香水与室内装饰公司，为后来波烈标识性的展演式时装展示形式提供了必要的实践基础与技术支持（图5-5）。

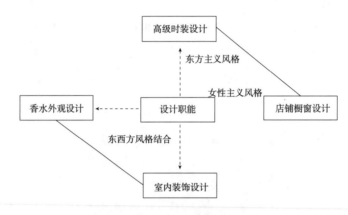

图 5-5　保罗·波烈承担的设计职能

二、保罗·波烈所承担的运营职能

20世纪初，法国高级时装屋尚处于不断完善的发展进程中，这一时期的高级时装屋设计与管理的职能多集中于高级时装设计师一人。正是因为同时承担高级时装屋的运营决策工作，确保了高级时装屋强烈的个人主义色彩。保罗·波烈首创的沉浸式时装展演方式，事件性促销推广均独树一帜。但同时也为战后保罗·波烈高级时装屋与时代精神背离，一意孤行地坚持推出奢华风格服饰与展演方式埋下了伏笔（图5-6）。

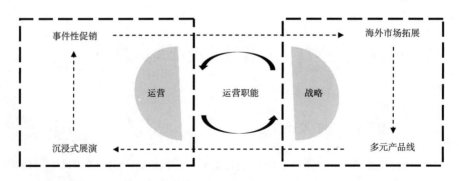

图 5-6　保罗·波烈的管理者职能

第三节　保罗·波烈高级时装屋的综合分析

一、保罗·波烈高级时装屋的设计创新

在时装屋运营初期，保罗·波烈就呼应当时的女性主义运动与"解放女性身体"的时代诉求，推出了一系列裁剪宽松的高级时装，以摆脱象征男权审美的紧身胸衣束缚。同时，受新艺术运动"东方风格"与"师法自然"观念影响，他创造性地将东方服饰形制纳入西方服饰的审美体系（图 5-7 和图 5-8）。

1905 年以后，保罗·波烈高级时装屋陆续推出多个融合东西方艺术风格的高级时装系列，均采用了以解放身体为目的的宽松式样。这类线条流畅，设计简洁，以强调肩部为支点的披挂式设计取代了西方服饰一贯强调胸腰差的服饰审美。还在纹样方面运用具有东方文化象征意味的动、植物图案，以展现浓郁的东方风格。这种典型的东方审美样式一方面迎合了新兴资产阶级女性解放身体的集体诉求，另一方面则满足了当时西方世界对东方文化的猎奇心态（表 5-1）。

表5-1　保罗·波烈高级时装屋设计作品系列与风格变化

系列名称	设计系列	推出时间
"孔子"	结合中国传统纹样，采用中式服装廓形	1905 年
"午茶装"	结合日式和服与古典西式服装，并用宽松的裁剪方式	1909 年
"土耳其蹒跚裙"	吸取中东服饰特点，收紧下摆式长裙	1910 年
"灯笼裤"	结合土耳其传统妇女裤装样式进行设计	1912 年
"穆斯林"	吸收中东和日本和服的外形，使用东方式衣片	1913 年
"自由"	吸收东方裁剪方法的设计，借鉴东方式袖片	1913 年

纵览保罗·波烈高级时装屋的设计作品，无一不体现了浓郁的东方艺术风格与解放女性身体的设计宗旨，"东方主义"与"女性主义"风格更贯穿了保罗·波烈设计生涯始终。从早期的"孔子""午茶装"到后期的"穆斯林"系列、"土耳其蹒跚裙"，他不断进行东方风格的设计尝试，将宽松廓形纳入西方审美，对典型东方纹样的再设计，区别于以往沃斯、杜塞的高级时装纯天然的西方审美视角，跳脱于法国高级时装设计的固有模式外。

图 5-7 贾吉列夫俄罗斯芭蕾舞团东方风格演出服

图 5-8　保罗·波烈所设计"穆斯林"风格高级时装

二、保罗·波烈高级时装屋的运营创新

受工业革命洗礼，20世纪的法国经济发展、社会分工加速细化。为满足新兴资产阶级群体需求，以百货商场为主的新零售应运而生，视觉展示与消费体验也备受重视。基于这一时代转变，保罗·波烈对其高级时装屋的运营方式调整，一方面从视觉展示方面入手，通过打造具有浓郁东方风格的橱窗展示与店铺装饰风格提升消费体验；另一方面，他创造性地推出了"沉浸式时尚聚会"展演方式。其中最为著名的是1911年举办的"一千零二夜"（Thousand and Second Night），聚会现场从室内装饰、音乐到餐宴酒会，营造了浓郁的中东皇室宫廷氛围，保罗·波烈本人更是与妻子穿着当季的"穆斯林"系列高级定制时装亲自迎宾。这场综合了产品、体验、事件性促销的"沉浸式时尚聚会"使保罗·波烈高级时装屋风靡巴黎。

三、保罗·波烈高级时装屋的战略创新

法国高级时装的海外拓展事实上始于19世纪60年代，那时就已有美国与欧陆的顾客前往巴黎购买、定制高级时装。在1900年巴黎世博会的高级时装展览后，法国高级时装产业的世界影响力达到全新高度，并催生出法国高级时装产业鲜明的设计与市场并重的发展模式。

19世纪90年代以后航海交通不断发展使海外出行愈加便利，加之高级时装屋的市场发展需求，促使保罗·波烈积极拓展海外市场。1913年9月，他亲自策划了"尖塔"系列时装展览活动，并以此为契机开拓美国市场。在为期一个月的美国巡展活动期间，他对包括纽约在内的美国东北部和中西部主要的城市进行了访问，在所到城市进行时装展览并积极借助当地电台媒体与时尚杂志宣传。此外，他结合美国当地最为主流的销售方式，主动与高级百货商场管理层接触，建立战略合作伙伴关系，以寻求更好的市场机遇与销售渠道；他还在哥伦比亚大学等著名学府进行高级时装设计理念的系列宣讲，以谋求美国大众认知并吸引美国上流社会客户群。

作为当时少数从设计理念入手宣传高级时装屋的设计师，通过植根"女性自由"的设计思想，保罗·波烈获得了美国女性（尤其是社会精英阶层）的认可，并运用展览、电台、影像等当时的新兴时尚传播媒介逐步打开美国市场。其高级时装屋的战略创新推动了其海外市场拓展并贡献于法国高级时装设计师的高端形象塑造（图5-9）。

图 5-9　美国杂志对保罗·波烈设计的宣传（1916 年）

第四节 本章小结

一、设计政策推动下的法国高级时装产业

设计政策是国家对某项产业进行顶层设计，主要表现在对"设计"这一核心要素进行政策指导，在宏观层面对产业制定政策并推动产业发展，设计政策制定的过程中也往往受到不同时代环境与国家发展态势的客观影响。因此，对法国高级时装品牌萌芽阶段的设计管理分析应放置于特定的时代语境中。

法国自路易十四以来逐步架构其时尚话语权体系，期间的设计政策也贡献于法国时尚产业发展。1868 年，法国高级时装统一化管理组织——高级女装协会（Chambre Syndicale de la Couture，des Tailleurs pour Dame）成立。自此法国政府开始积极作为以支持高级时装产业发展，并出台相关政策以规范法国高级时装产业。1900 年，法国政府专门在巴黎世博会中开设"纱线织物与服饰宫"以展示巴黎乃至全法国最前沿的面料、高级时装，旨在将巴黎高级时装产业推向世界时装市场，进一步稳固提升巴黎在世界时尚产业的地位。

1911 年，法国高级女装协会正式更名为巴黎高级时装协会，扩大了管理范围并且有了规范的行业准则以推动法国高级时装产业发展，法国政府也将高级时装产业视为国家重点发展产业。1945 年，法国政府出台正式律法，将高级时装协会在法律层面合法化，经法国政府工业部下属的专门委员会批准的时装设计师才有资格获得高级时装（Haute Couture）的称号，并规定只有获得称号的高级时装品牌才能正式加入法国高级时装协会（Chambre Syndicale de la Haute Couture）。

法国高级时装产业发展初期就受到国家设计政策助推，也同样在设计政策的影响下，高级时装屋的设计运营方式不断完善，并形成自身兼顾设计与市场的特征。19 世纪后半叶以来逐渐完善健全的高级时装产业法规与相关设计政策均是法国高级时装屋乃至当今高级时装产业发展的重要支持力量。

二、保罗·波烈高级时装屋的辉煌与短暂存世

在保罗·波烈高级时装屋经营前期，他作为设计师与管理者主动迎合新兴资产阶级消费者的时尚诉求，推出了具有创新理念的设计风格与运营管理实践活动，其奢靡猎奇的设计风格与当时东方主义、女性主义的风格呼应，并从客观上推动了巴黎高级时装产业的发展与世界影响。然而，

战后阶段的保罗·波烈固守原有奢华猎奇的设计风格与铺张惊艳的时装展演形式，忽视了战后社会经济与消费群体的转变，特别是战后物资匮乏、百废待兴的客观情况，加速了保罗·波烈高级时装屋的衰亡。

但整体看来，保罗·波烈是 19 世纪末到 20 世纪初法国高级时装产业发展进程中的典型案例，其设计与运营方式在当时均具有超前性。首先，在设计方面，保罗·波烈顺应"女性主义"运动的发展与解放女性身体的时代诉求，吸收新艺术运动以及东方主义风格元素，创造性地将东方服饰形制纳入西方时尚审美体系；其次，在运营方面，保罗·波烈以消费体验为中心，推出"沉浸式时尚聚会"展演方式，推动了时装展示方式创新；最后，在战略方面，保罗·波烈赴美开展时尚展览与演讲，借助当时美国相对先进的传播媒介对其高级时装屋进行海外推广宣传，以提高法国高级时装在美国市场的知名度与美誉度，为后续法国高级时装设计师如艾尔莎·亚帕瑞丽等进入美国市场奠定了基础。

三、不约而同地集体选择与设计运营思考

设计管理相关研究始于 1965 年英国《设计》杂志发表的 8 篇重要文章，阐释了设计管理的初始概念。其中迈克尔·法尔在撰写的论文中提及"设计管理：为什么现在需要它？"他认为设计管理最主要为解决设计问题而服务，关注设计本身，如为何设计、如何使用等问题。基于这一界定，审视保罗·波烈高级时装屋的设计运营方式，特别是结合 20 世纪初的法国社会人文背景审视保罗·波烈寻求解决设计问题的方式方法。面对 20 世纪初法国女性主义与东方风格的兴起，当时的法国高级时装屋已无法满足因时代精神转变与女性解放身体的时代诉求催生的新需求。于是，保罗·波烈的宽松设计使女性摆脱了紧身胸衣的束缚并首创"沉浸式"时尚展演等方式，使保罗·波烈高级时装屋的设计运营方式具有了某种与设计管理思想契合的意味。

综合上述，以保罗·波烈高级时装屋为典型案例，其设计与运营方式实际上是 19 世纪末 20 世纪初高级时装设计师的集体选择，他们往往肩负设计与管理职能，并积极采用设计、运营、战略创新以推进高级时装屋的高效运营，甚至积极拓展海外市场，寻求更多市场发展机遇。这些百余年前的高级时装屋中一部分与时俱进，得以繁荣至今，有些则已然消逝在时尚的历史进程中。但他们在一个多世纪以前采用的带有设计管理萌芽阶段意味的设计与运营方式启发当下，并作为早期研究样本贡献于当下的设计管理研究。

第六章
马瑞阿诺·佛坦尼高级时装屋
及其设计管理方式

　　19世纪下半叶,欧洲大规模生产和工业化方兴未艾,大批量外形粗糙简陋的工业产品投放市场,以约翰·拉斯金(John Ruskin)及威廉·莫里斯(William Morris)为代表的设计家抵抗工业化带来的艺术与技术失衡,渴望重建手工艺的价值,欧洲遂爆发工艺美术运动(1860—1910年)。工艺美术运动要求艺术家必须严格控制创意行为的各个方面及设计的整个过程,马瑞阿诺·佛坦尼·马德拉佐(Mariano Fortuny y Madrazo,1871—1949年)时逢欧洲工业革命及工艺美术运动交汇的时期,在其时装设计中较好地将艺术与技术、手工艺与机械化生产相结合,尝试使用机械制造其设计的纺织品,同时兼具控制研发、设计、生产、销售、传播等多方位的能力,进而推进了马瑞阿诺·佛坦尼高级时装屋到佛坦尼公司的转型升级。马瑞阿诺·佛坦尼高级时装屋既是欧洲工艺美术运动进程中的时尚个案,又跳脱于工艺美术运动将艺术与技术完全对立的弊端,其设计与运营模式极具时代价值。

第一节　马瑞阿诺·佛坦尼高级时装屋的发展阶段

一、创建阶段（1902—1906 年）

1871 年，马瑞阿诺·佛坦尼出生于西班牙艺术家家庭，童年沉浸于各种艺术品、文物、纺织品中。家庭环境的熏陶促使马瑞阿诺·佛坦尼自小表现出时装设计方面的天赋，并于 1902 年在奥尔费伊宫（Palazzo Pesaro Orfei）创立工作室，从事时装及纺织品的设计生产。家庭环境的熏陶加之后期实践经历的推动下，马瑞阿诺·佛坦尼于 1906 年成立了高级时装屋。

二、发展阶段（1907—1918 年）

马瑞阿诺·佛坦尼高级时装屋成立后，积极尝试多样化的实践路线。先后于 1907 年创建织物研究工作室，于 1908 年在巴黎注册"Fortuny"商标，于 1909 年推出标志性"迪佛斯"褶皱连衣裙（Delphos Dress），于 1912 年在巴黎开设门店，逐步推动马瑞阿诺·佛坦尼高级时装屋发展，奠定了其后续商业成功的基础。

三、转型阶段（1919—1948 年）

尽管 20 世纪 20 年代意大利几经波折，先后面临法西斯独裁统治、华尔街崩溃后全球经济大萧条所施加的贸易限制等诸多挑战，马瑞阿诺·佛坦高级时装屋积极维持正常运营，并成功转型为佛坦尼公司。马瑞阿诺·佛坦尼于 1919 年注册了佛坦尼股份公司，于 1922 年正式成立佛坦尼公司（Fortuny，Inc.）。还先后于朱代卡（Giudecca）岛建立纺织厂，于巴黎开设小型精品店，于纽约列克星敦大街的商铺出售商品，并在纽约开设门店。

四、持续发展阶段（1949 年至今）

1949 年，设计师去世及第二次世界大战的影响致使瑞阿诺·佛坦尼高级时装屋关闭，美国商人埃尔西·麦克尼尔·李（Countess Elsie McNeil Lee Gozzi）接管了佛坦尼公司继续经营纺织品业务，后于 1998 年归米奇·利雅德和莫瑞·利雅德（Mickey and Maury Riad）所有，福坦尼面料现在在全球 100 多个独立陈列室中出售，其客户包括彼得·马里诺（Peter Marino）、迈克尔·史密斯（Michael Smith）、凯莉·韦斯特勒（Kelly Wearstler）等知名设计师。

第二节　马瑞阿诺·佛坦尼高级时装屋的设计模式

马瑞阿诺·佛坦尼时逢欧洲工艺美术运动及第二次工业革命的交汇时期，其设计模式摒弃了工业革命追求产量而忽视美感、工艺美术运动完全将技术和艺术对立起来的局限，而是融合了工艺美术运动复兴手工艺的特色及工业革命引发的技术与发明优势，探索出艺术与技术融合、研发付诸设计应用的设计模式。

一、艺术与技术融合的设计模式

1. 艺术表现

马瑞阿诺·佛坦尼的设计艺术表现集中体现在对其时装作品艺术风格、工艺、材质、款式等的调控。马瑞阿诺·佛坦尼自小浸润于克里特和克诺索斯文化，其创作灵感多来源于中世纪及植物图案；马瑞阿诺·佛坦尼传承了高级定制时装的传统，以艺术风格再造的拜占庭刻板镀金工艺做出精美持久的时装；定位于上流富裕阶层，马瑞阿诺·佛坦尼高级时装多采用手工染色的天鹅绒、丝绸等华丽面料及天然宝石、淡水珍珠等辅料；马瑞阿诺·佛坦尼开辟了多样化的产品线和客户群体，为各界设计了大量的服装，包括神职人员的长袍、贵族阶级的礼服、演员的演出服、出殡使用的丧服等。除了纺织品、时装外，马瑞阿诺·佛坦尼还设计生产靠垫、壁挂、丝绸灯罩等家居摆设。

2. 技术表现

马瑞阿诺·佛坦尼受到第二次工业革命技术与发明热潮及工艺美术运动倡导复兴手工艺的影响，却又跳脱于工业革命单纯追求批量化生产及工艺美术运动将艺术与技术完全对立的弊端，将技术融入到艺术创作的过程中，开辟出一条机器与手工艺协同发展的道路。马瑞阿诺·佛坦尼在面料、纸张的印刷和处理方面获得了超过 20 项的突破性专利。1907 年，马瑞阿诺·佛坦尼创建了织物研究工作室，同时引进金属印版、日本溶上模版、大型冲压模具、纺织印花机（图 6-1）等器械设备，用于材质、工艺、原料等的研发。例如，马瑞阿诺·佛坦尼通过深入研究日本和东南亚的手工印刷法，将模板印刷技术应用于面料印刷上，实现了色彩在面料上的精确印刷。再者，马瑞阿诺·佛坦尼从古老的拜占庭、意大利和非洲织物上获得灵感，通过雕版印刷技术将图案喷刷在不同的织物表面，研发出全新式样的天鹅绒面料。

3. 技术与艺术融合的时装作品

"克诺索斯"印花头巾及"迪佛斯"晚装是马瑞阿诺·佛坦尼 20 世纪初最重要的作品，同

图 6-1 马瑞阿诺·佛坦尼纺织印花机

时也是其技术与艺术融合的作品表现。1907 年，马瑞阿诺·佛坦尼受德尔福车夫的青铜雕塑及古希腊奥尼式服装的启发，采用从中国和日本引进的真丝及威尼斯穆拉诺玻璃珠，使用织物打褶的起伏器械装置将打褶技术应用于设计作品中，设计出风靡 20 世纪 30 年代的"迪佛斯"褶皱裙，成为将艺术与技术融合的典型作品（图 6-2）。

"迪佛斯"晚装存放时可以拧起来，以保持百褶不变。每一件有四片手工菇丝构成，以圆柱形缝在一起，领口和袖子用束带线缝，底边用一排威尼斯虹彩玻璃小珠垂重，用细丝线缝上腰线。

二、研发付诸设计应用

马瑞阿诺·佛坦尼的时装设计生涯交织于欧洲工业革命发展的进程中，擅长进行染料创新、工艺创新、材质创新方面的研究，同时将研发付诸设计应用，可见，早在 20 世纪初马瑞阿诺·佛坦尼就意识到研究与实践应用的重要性，其纺织品研发付诸设计应用的模式启发当代时尚品牌。

1. 染料创新与设计应用

马瑞阿诺·佛坦尼结合自身的化学与美术知识，尝试多种方法进行纺织品染料的研发并应用于服装设计中。马瑞阿诺·佛坦尼研制的染料，采用透明瓶装并对每种颜料进行编号，初具现代化染料样式的雏形（图 6-3）。

马瑞阿诺·佛坦尼曾尝试将青铜、铝粉等金属粉末与颜料混合，研制出带有 16 世纪的天鹅绒般金属光泽的染料。考虑到金属颜料的使用成本以及对自然环境的影响，马瑞阿诺·佛坦尼试验从天然动植物中提取色彩，包括从墨西哥胭脂虫中提取红色以及从布列塔尼进口的稻草中提取黄色。此外，马瑞阿诺·佛坦尼还研制出在不使用金属的情况下给织物增加金属感色彩的方法，使染料产生全铝色的效果，并将其应用于 1936 年设计的黑丝绒斗篷长袍设计中。

2. 工艺创新与设计应用

受第二次工业革命的时代环境熏陶，马瑞阿诺·佛坦尼积极展开于面料工艺的创新研究。在威尼斯奥尔费伊宫及朱代卡创建染纺，尝试使用画笔、海绵、脱色等工艺程序展开纺织品的工艺研究，研制出热褶工艺、丝网印刷、染料叠加印染等创新工艺,同时指导工匠采用各种方法来校正面料码数。

1909 年，马瑞阿诺·佛坦尼申请了"迪佛斯"褶皱连衣裙的两项专利：一项是希腊样式长袍的设计专利（专利号 408.629），另一项是处理打褶织物的起伏装置的专利（专利号 414.119）（图 6-4）。1907 年，马瑞阿诺·佛坦尼受德尔福车夫的青铜雕塑及古希腊奥尼式服装的启发，设计出经典的"迪佛斯"褶皱连衣裙。依据米尔班克（Milbank）于 1985 年已着色的"迪佛斯"连衣裙模版的照片，该织物在压褶之前就已染色。据此可以推测"迪佛斯"连衣裙的生产顺序为：先

图6-2　德尔福车夫的青铜雕塑（左）及"迪佛斯"褶皱裙（右）

图 6-3　马瑞阿诺·佛坦尼研制纺织品染料

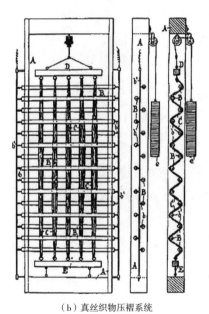

（a）希腊式长袍　　　　　　　　　　（b）真丝织物压褶系统

图 6-4　"迪佛斯"设计专利中的插图

将织物染色，然后打褶，最后将打褶的部分缝在一起。

1910 年，马瑞阿诺·佛坦尼申请了"染料叠加印染"工艺的专利。"染料叠加印染"可使面料表面产生细微丰富的色调变化，使丝绒面料产生浮雕的效果及宝石般的光泽。此外，马瑞阿诺·佛坦尼还进行了日本和东南亚模板印刷的研究，将色彩精确地印到布料上，块状印刷和丝网印刷位于服装中央区域的接缝处以及沿边缘，具有醒目的效果。

3. 材质创新与设计应用

马瑞阿诺·佛坦尼凭借对色彩和工艺的独到理解，结合纹样设计积极展开纺织品印花实验，研制出带有浮雕效果的天鹅绒、"迪佛斯"褶皱等面料，应用于面料工业生产及服装设计。1907年，马瑞阿诺·佛坦尼发明一种细密的褶皱面料后申请了专利，并用这种面料设计制作了风靡 20世纪 30 年代的"迪佛斯"晚装。马瑞阿诺·佛坦尼还对染料进行分段染色，将天然染料和苯胺染料分层，并偶尔掺入试剂以抵抗已加着的颜色，产生随机透明的面料。此外，马瑞阿诺·佛坦尼还将金属类油墨手工印刷到天鹅绒、丝绸等复古的面料上，研发出一种带有锦缎般的华贵纹理的面料，并将其制作成精致华丽的时装。

第三节　马瑞阿诺·佛坦尼高级时装屋的运营模式

20 世纪初，马瑞阿诺·佛坦尼就已具备先进的品牌运营思维，协同控制个性化的品牌标识、纸媒传播、时装展览及事物性促销等品牌营销沟通环节的内容，生产与代理销售模式，定制、包装与售后服务等运营模式，逐步推动马瑞阿诺·佛坦尼高级时装屋到佛坦尼公司的转型。

一、个性化的品牌标识

马瑞阿诺·佛坦尼较早地意识到品牌标识的重要性，为马瑞阿诺·佛坦尼高级时装屋自主设计了最初的标识，且于 1908 年在巴黎注册"Fortuny"商标，并不断改进优化，逐步形成具有辨识度的品牌标签。最终的标签是一块圆形丝绸，用金色金属油墨手工印刷，缝在每件礼服的衬里上。

二、传播推广

马瑞阿诺·佛坦尼高级时装的传播推广模式包括纸媒传播、时装展览及社交圈推广等多种渠道，这在一定程度上提升了马瑞阿诺·佛坦尼高级时装的知名度（表 6-1）。

表6-1　马瑞阿诺·佛坦尼高级时装屋的传播推广模式

传播形式	媒介	国家	内容
纸媒传播	*Vogue*	美国	"迪佛斯"晚装刊登在 1935 年 12 月 5 日的 *Vogue* 杂志上
	London Times	英国	1980 年刊登的文章提到"迪佛斯"晚装可以在纽约市的专门转售的精品店中购买，其售价高达 4000 美元
	The Upholsterer and interior decorator	美国	1925 年发表文章 *FORTUNY OF VENICE*，介绍了马瑞阿诺·佛坦尼位于奥尔费伊宫的工作室及纺织品
时装展览	1900 年巴黎世界博览会	法国	参展 1900 年巴黎世界博览会
	卡纳瓦雷博物馆	法国	1920 年参展卡纳瓦雷博物馆
社交圈推广	马塞尔·普鲁斯特（Marcel Proust）（作家）	法国	创作《回忆事物》致敬马瑞阿诺·佛坦尼
	伊莎多娜·邓肯（lsa dora Duncan）（舞蹈家）	美国	第一个戴上克诺索斯（Knossos）围巾的人
	洛丽亚·范德比尔特（Gloria Vanderbilt）（社交名流）	美国	1969 年，在 *Vogue* 杂志的文章中称"迪佛斯"为"幸运之裙"
	多萝西·吉斯（Dorothy Gish）（演员）	美国	画家莱昂·高登的油画作品记录了美国演员多萝西·吉期穿着马瑞阿诺·佛坦尼设计的"迪佛斯"晚装的场景
	佩姬·古根海姆（Peggy Guggenheim）（艺术收藏家）	美国	美国艺术家收藏家佩姬·古根海姆收藏了马瑞阿诺·佛坦尼设计的"迪佛斯"连衣裙

　　纸媒传播的媒介形式囊括英国版 *London Times*、美国版 *Vogue* 及 *The Upholsterer and interior decorator* 等知名杂志，1923 年，*Vogue* 杂志 5 月刊发表了一篇文章"The Beauty of Fortuny is Brought to America"，其中囊括了佛坦尼位于麦迪逊大街 509 号原始商店的地址。此外，1925 年，*The Upholsterer and interior decorator* 发表了文章"FORTUNY OF VENICE"（图 6-5），这篇文章介绍了马瑞阿诺·佛坦尼位于奥尔费伊宫的工作室及纺织品。

　　时装展览涵盖了卡纳瓦雷博物馆及 1900 年巴黎世界博览会，为马瑞阿诺·佛坦尼高级时装屋的业务拓展提供了专业的展示平台。1927 年，美国商人埃尔西·麦克尼尔参观了巴黎的卡纳瓦雷博物馆，被作为参展商之一的佛坦尼公司的面料所吸引，继而前往威尼斯与马瑞阿诺·佛坦尼建立了长期的业务关系和友谊，同时获得了在美国销售佛坦尼商品的独家权利，开辟了美国市场。

三、生产与代理销售

　　随着业务范围的不断拓展，马瑞阿诺·佛坦尼高级时装屋生产基地在奥尔费伊宫工坊的基础上设立了威尼斯朱代卡岛纺织厂，为其纺织品及时装销售提供了充足的生产力来源。马瑞阿诺·佛坦尼高级时装屋的销售模式包括自产自销及代理销售。除却奥尔费伊宫一楼的商店外，佛坦尼股份公司在巴黎和米兰设有零售店，在都灵、热那亚、罗马、那不勒斯、马德里、苏黎世、伦敦和纽约皆设有代理商（图 6-6）。

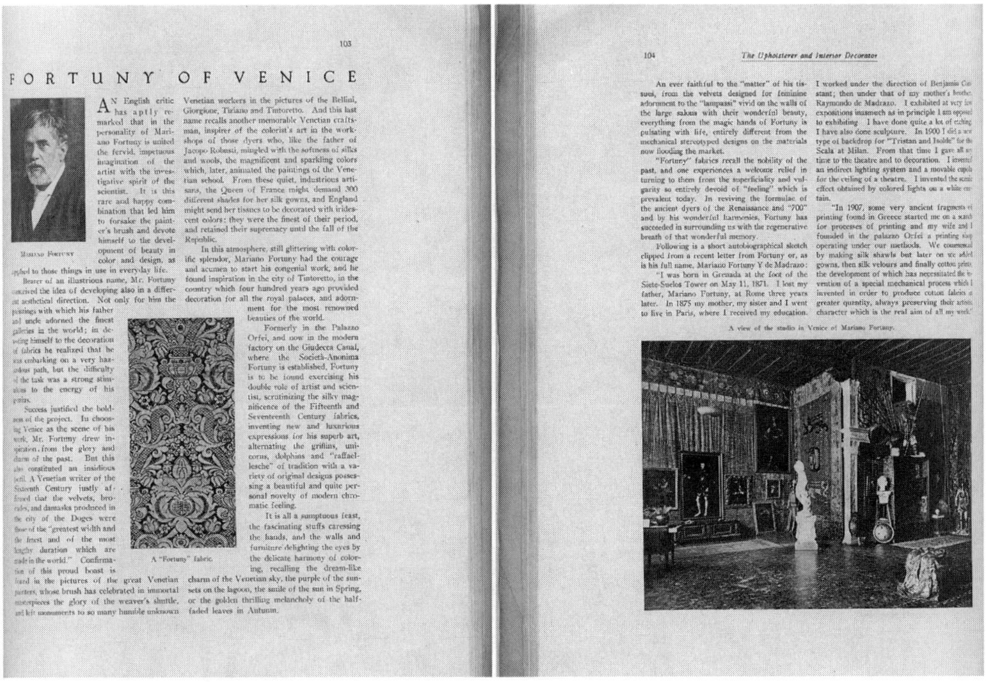

103

FORTUNY OF VENICE

Mariano Fortuny

An English critic has aptly remarked that in the personality of Mariano Fortuny is united the fervid, impetuous imagination of the artist with the investigative spirit of the scientist. It is this rare and happy combination that led him to forsake the painter's brush and devote himself to the development of beauty in color and design, as applied to those things in use in everyday life.

Bearer of an illustrious name, Mr. Fortuny conceived the idea of developing also in a different aesthetical direction. Not only for him the paintings with which his father and uncle adorned the finest galleries in the world; in devoting himself to the decoration of fabrics he realized that he was embarking on a very hazardous path, but the difficulty of the task was a strong stimulus to the energy of his genius.

Success justified the boldness of the project. In choosing Venice as the scene of his work, Mr. Fortuny drew inspiration from the glory and charm of the past. But this also constituted an insidious peril. A Venetian writer of the Sixteenth Century justly affirmed that the velvets, brocades, and damasks produced in the city of the Doges were those of the "greatest width and the finest and of the most lengthy duration which are made in the world." Confirmation of this proud boast is found in the pictures of the great Venetian painters, whose brush has celebrated in immortal masterpieces the glory of the weaver's shuttle, and left monuments to so many humble unknown Venetian workers in the pictures of the Bellini, Giorgione, Tiziano and Tintoretto. And this last name recalls another memorable Venetian craftsman, inspirer of the colorist's art in the workshops of those dyers who, like the father of Jacopo Robusti, mingled with the softness of silks and wools, the magnificent and sparkling colors which, later, animated the paintings of the Venetian school. From these quiet, industrious artisans, the Queen of France might demand 300 different shades for her silk gowns, and England might send her tissues to be decorated with iridescent colors: they were the finest of their period, and retained their supremacy until the fall of the Republic.

In this atmosphere, still glittering with colorific splendor, Mariano Fortuny had the courage and acumen to start his congenial work, and he found inspiration in the city of Tintoretto, in the country which four hundred years ago provided decoration for all the royal palaces, and adornment for the most renowned beauties of the world.

A "Fortuny" fabric

Formerly in the Palazzo Orfei, and now in the modern factory on the Giudecca Canal, where the Società-Anonima Fortuny is established, Fortuny is to be found exercising his double role of artist and scientist, scrutinizing the silky magnificence of the Fifteenth and Seventeenth Century fabrics, inventing new and luxurious expressions for his superb art, alternating the griffins, unicorns, dolphins and "raffaelesche" of tradition with a variety of original designs possessing a beautiful and quite personal novelty of modern chromatic feeling.

It is all a sumptuous feast, the fascinating stuffs caressing the hands, and the walls and furniture delighting the eyes by the delicate harmony of coloring, recalling the dream-like charm of the Venetian sky, the purple of the sunsets on the lagoon, the smile of the sun in Spring, or the golden thrilling melancholy of the half-faded leaves in Autumn.

104 *The Upholsterer and Interior Decorator*

An ever faithful to the "matter" of his tissues, from the velvets designed for feminine adornment to the "lampassi" vivid on the walls of the large salons with their wonderful beauty, everything from the magic hands of Fortuny is pulsating with life, entirely different from the mechanical stereotyped designs on the materials now flooding the market.

"Fortuny" fabrics recall the nobility of the past, and one experiences a welcome relief in turning to them from the superficiality and vulgarity so entirely devoid of "feeling" which is prevalent today. In reviving the formulae of the ancient dyers of the Renaissance and "700" and by his wonderful harmonies, Fortuny has succeeded in surrounding us with the regenerative breath of that wonderful memory.

Following is a short autobiographical sketch clipped from a recent letter from Fortuny or, as is his full name, Mariano Fortuny Y de Madrazo:

"I was born in Grenada at the foot of the Siete-Suelos Tower on May 11, 1871. I lost my father, Mariano Fortuny, at Rome three years later. In 1875 my mother, my sister and I went to live in Paris, where I received my education. I worked under the direction of Benjamin Constant; then under that of my mother's brother, Raymondo de Madrazo. I exhibited at very few expositions inasmuch as in principle I am opposed to exhibiting. I have done quite a lot of etching. I have also done sculpture. In 1900 I did a new type of backdrop for "Tristan and Isolde" for the Scala at Milan. From that time I gave all my time to the theatre and to decoration. I invented an indirect lighting system and a movable cupola for the ceiling of a theatre. I invented the scenic effect obtained by colored lights on a white curtain.

"In 1907, some very ancient fragments of printing found in Greece started me on a search for processes of printing and my wife and I founded in the palazzo Orfei a printing shop operating under our methods. We commenced by making silk shawls but later on we added gowns, then silk velours and finally cotton prints, the development of which has necessitated the invention of a special mechanical process which I invented in order to produce cotton fabrics in greater quantity, always preserving their artistic character which is the real aim of all my work."

A view of the studio in Venice of Mariano Fortuny.

图 6-5　在 *The Upholsterer and interior decorator* 上发表的文章“FORTUNY OF VENICE”

图 6-6　佛坦尼公司位于美国麦迪逊大街的店铺

19 世纪 20 年代，马瑞阿诺·佛坦尼在纽约市的一家陈列室出售其面料和家具，埃尔西·克鲁斯·麦克尼尔安对佛坦尼公司进行了巨额投资。此外，马瑞阿诺·佛坦尼与巴黎著名的艺术品经销商古皮尔（Goupil）建立了业务关系，为其画作和国际业务带来了大笔流入资金。

四、定制、包装与售后服务

早在 20 世纪初，马瑞阿诺·佛坦尼就意识到顾客服务的重要性，其高级时装屋为迎合消费者需求提供定制、包装与售后服务。1906 年，马瑞阿诺·佛坦尼在巴黎为私人芭蕾舞表演设计套装和服装时，设计制作了"克诺索斯"围巾，一时引起轰动，马瑞阿诺·佛坦尼自此提出定制服务。此外，"迪佛斯"连衣裙可以放置于圆柱形的精美包装盒中，客户可以将服装寄还给朱代卡岛的工厂，进行面料清洁和打褶服务（图 6-7）。

图 6-7　马瑞阿诺·佛坦尼"迪佛斯"连衣裙包装

第四节　本章小结

19世纪下半叶至20世纪初期，工业革命带来的批量化生产及维多利亚时期的繁复装饰导致设计水准急剧下降，欧洲艺术家纷纷呼吁复兴中世纪手工艺，导致英国工艺美术运动的爆发并迅速普及欧洲。同一时期，交织于机器技术与手工艺碰撞的背景下，意大利高级时装设计师马瑞阿诺·佛坦尼较早地意识到社会生产方式、艺术思潮、时代环境的骤变，审时度势地展开设计运营与商业实践活动，开辟出一条技术、艺术与商业融合、手工艺与机械化生产协同的发展道路，推动马瑞阿诺·佛坦尼高级时装屋到佛坦尼公司的转型，并成为第二次世界大战后意大利高级成衣产业发展与品牌转型的早期样本。作为欧洲工艺美术运动进程中的时尚个案，马瑞阿诺·佛坦尼高级时装屋及其所采用的与时俱进的设计运营方式启发当下。

意大利时装设计师马瑞阿诺·佛坦尼以其独树一帜的艺术设计风格启发了一代又一代的时尚从业者，其中不乏保罗·波烈、三宅一生、吉冈德仁、玛丽·麦克法登等知名设计师，是20世纪以来最伟大的设计师之一。例如，1907年"迪佛斯"晚装推出后，美国设计师玛丽·麦克法登受到"迪佛斯"连衣裙的启发，于1976年使用专有技术制作了褶皱真丝晚礼服。著名的褶皱大师三宅一生以马瑞阿诺·佛坦尼的热褶技术为灵感，在其基础上注入现代感，于20世纪80年代创作了褶裥面料，又于90年代推出了立体派褶皱系列。

马瑞阿诺·佛坦尼高级时装屋作为意大利时尚历史进程中的独特案例，较早地意识到社会生产方式、时代环境的变化，积极展开设计运营与商业实践活动，并逐步形成艺术与技术融合、研究与设计一体化的领先设计模式，以及囊括营销推广、时装展览、知名社交圈、定制与售后服务等先进运营模式，进而成功推进马瑞阿诺·佛坦尼高级时装屋到佛坦尼公司的转型升级，并成为战后意大利高级成衣产业发展与品牌转型的早期样本。

作为欧洲工艺美术运动的倡导者，马瑞阿诺·佛坦尼以客观的角度审视工艺美术运动的利弊之处，借鉴其对传统手工艺的复兴之举，批判其将艺术与技术完全对立的方式，并逐步探索出一条机器、艺术、商业兼容发展的道路，是工艺美术运动进程中具有标志性的时尚个案。

纵览马瑞阿诺·佛坦尼高级时装屋的发展历程，其经历了1920年法西斯独裁统治、1929年华尔街崩溃以及伴随其后的经济大萧条所施加的贸易限制等诸多挑战依然维持品牌的运营，多方位调控研发、设计、生产、销售、传播，开辟出研发付诸设计，设计付诸生产销售，而生产销售又回馈研发设计的链式模式，成为意大利时尚的早期历史样本，其设计与管理模式启发当下时尚品牌。

第七章
香奈儿高级时装品牌
及其设计管理方式

19世纪末，高级时装品牌设计管理思想随着社会与时代的变迁，其主体、内容、含义也随之改变。我们以香奈儿高级时装品牌为典型个案，比对嘉柏丽尔·香奈儿和卡尔·拉格菲尔德阶段差异化的品牌设计管理方式，从设计风格、运营方式、品牌战略三个要素切入，加深对高级时装品牌发展源流与设计管理方式转型的认识。

将香奈儿高级时装品牌作为研究对象的原因有二：一是香奈儿高级时装品牌由设计师创建并主导，设计师转变直接映射了该品牌两个历史阶段差异化的设计管理方式；二是其设计管理方式经历从工业时代到数字时代的转变，这一品牌设计管理方式的转变能够映射历史进程中的一批高级时装品牌的发展与面对的共同问题。

第一节　香奈儿高级时装品牌的发展历程

香奈儿高级时装品牌从1910年到2019年的百余年发展历程可被划分为香奈儿与拉格菲尔德两个时期，我们来进一步比较不同时期的设计管理方式之间的差异（图7-1）。

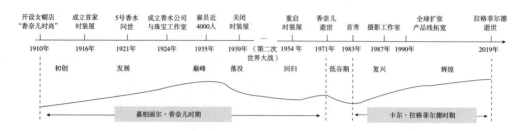

图 7-1　香奈儿高级时装品牌的两个时期

一、嘉柏丽尔·香奈儿（Gabrille Chanel）时期

香奈儿于 1910 年开设了一家女帽店，店内出售的帽子一改当时流行的繁复花哨的款式，简朴的样式反而吸引了众多名媛贵妇的青睐。短短几年时间，香奈儿陆续开设了三家不同规模的服饰品店铺，工作重心也从女帽开始转移到高级时装。1916 年，香奈儿于法国南部的比亚利兹（Biarritz）开设了首家高级时装屋，雇员也从 60 人很快增长到 300 余人。面对第二次世界大战前夕动荡的法国社会，香奈儿于 1939 年关闭了自己的时装屋。战后，当时不断扩大的时尚客户群需求催生了美国高级成衣产业，香奈儿在皮埃尔·威泰默（Pierre Wertheimer）的支持下于 1954 年重开时装屋并获美国市场认可。以此为契机，她还授权美国高级服装店和裁缝仿制的权力，被视为是时尚领域特许经营业务的早期雏形。

二、卡尔·拉格菲尔德（Karl Lagerfeld）时期

1971 年，威泰默家族在香奈儿逝世后接管了该品牌。1983 年卡尔·拉格菲尔德成为香奈儿高级时装品牌的首席设计师，他上任后的首次高级时装发布就对香奈儿经典样式的雪纺长裙进行大胆改造。拉格菲尔德革新香奈儿高级时装品牌的简约设计风格，塑造了 20 世纪后期香奈儿高级时装更加多元的时尚品牌形象。1987 年，拉格菲尔德成立了摄影工作室，为他的时装设计系列拍摄广告宣传片，通过视觉营销提升品牌时尚度，助力香奈儿高级时装品牌全球扩张。

第二节　香奈儿与拉格菲尔德时期的设计管理方式

一、设计风格

香奈儿的童年经历对她影响至深，她化繁为简的设计方式和崇尚简素的审美品位与她在修道

院的生活密切相关。在服装色彩方面，整体以黑白为主色调。她将裙子繁复的装饰去掉，从男士服装中汲取灵感，率先尝试针织面料，设计出一系列符合自身形体、个性态度的服饰。从时装屋创立初期到第二次世界大战前，香奈儿高级时装设计风格定位在直线形的简洁裙款上，惯于打造"假小子"式的顽皮女童形象。但随着战争影响减弱，在重启时装屋后，香奈尔经典套装设计风格则偏向女性柔美的一面，将精练、简洁的风格继续深化，使得女性回归形体美。

拉格菲尔德则强调整体造型概念的设计方式，即强调服装与服饰品的搭配。在拉格菲尔德设计的粗花呢套装中，突破了原来香奈儿斜纹软呢的面料，尝试使用皮革、牛仔面料，运用拼接、混合的手段进行比例上的再设计。在服装色彩方面，他大胆使用高饱和度的色彩，在撷取香奈儿原有的经典风格基础上形成了独特的设计风格。拉格菲尔德所塑造的香奈儿高级时装品牌形象趋于年轻化，顾客的平均年龄也从 50 多岁下降到了 30 多岁。

总体来说，香奈儿阶段的简洁设计风格从一开始的"男性化"到回归"女性化"，再到拉格菲尔德阶段契合现代女性审美的多元化设计风格，其廓形也从 H 形慢慢转变为 X 形（图 7-2）。

二、运营方式

香奈儿开设在法国杜维埃（Deauville）的时装屋分成上下两层：一层用于店铺的日常营业，有各种服装、配饰和香水陈列销售；二层则作为设计工作室和储藏室，供她和女工们进行设计与制作等工作。这一小型作坊式的时装屋由香奈儿全权负责运营，从生产至推广均由她一人负责（图 7-3）。其店内服饰品的设计令人耳目一新，从而吸引了许多极具时尚影响力的人物，如亨利·罗斯柴尔德男爵夫人（Baroness Rothschild），香奈儿利用在名人社交圈内的口碑传播进行品牌推广。她还在自己店铺的浅色遮阳篷上用黑色大写字母印了自己的姓名，这一鲜明的品牌标识也使得香奈儿的店铺在上层社会客流密集的杜维埃形成一定的知名度与影响力。1930 年，香奈儿在美国好莱坞以跨界合作的方式为电影戏剧进行服装设计工作，打造出众多经典时尚偶像为大众所效仿，如葛洛丽亚·斯旺森（Gloria Swanson）。一方面，电影制片方通过这一合作来吸引更多的观众购票观影；另一方面，香奈儿通过电影的传播也积累了在海外市场的声誉。

拉格菲尔德阶段的香奈儿高级时装品牌在康朋街的时装屋共有四间设计工作室，分别用于制版、绘图、剪裁、缝纫和客户订单处理。香奈儿去世后，香奈儿高级时装品牌归威泰默家族所有，设计师的职能也开始细化，高级时装、手提包、鞋和配饰的创意设计开发工作由品牌首席设计师专职负责，而香水、珠宝、腕表等其他业务则由具体与之合作的管理者负责，品牌的运营管理更为成熟、系统化。

经典小黑裙　　　　　　　粗花呢套装　　　　　　　粗花呢套装
（1926年）　　　　　　　（1962年）　　　　　　　（1991年）

　　　　（a）H形廓形　　　　　　　　　　　　　　（b）X形廓形

图7-2　香奈儿高级时装设计风格变化

图 7-3　香奈儿在杜维埃的时装屋（1913 年）

拉格菲尔德不仅是时尚文化的标杆人物，也是流行文化的推动者。与香奈儿简洁大方的时装秀场不同，他将时装秀场设计进行娱乐化转型，通过重构传统的时装表演方式，扩大时装秀场的规模，并将场地形式进行创意性延伸，把时装秀场视为一种视觉符号资源。例如，2014 年的秋冬时装发布会上，拉格菲尔德将时装秀场选定在巴黎大皇宫（Grand Palais），将现场布置成一个庞大的超级市场，带着醒目的双 C 标志，其鲜明独特的秀场风格在同时期众多极尽绚丽秀场的高级时装品牌中别具一格。自拉格菲尔德接触摄影工作后，他亲自参与品牌的广告策划与宣传推广，其广告往往有关梦想、欲望与财富的价值观念，在富有视觉冲击力的视觉营销中激起大众消费者强烈的购买欲。

不论是香奈儿还是拉格菲尔德，其品牌的运营方式随时代市场而不断变化，从小型私人时装屋的作坊式运作到大型企业的系统化运作，推广方式也从社交圈名人效应的口碑营销、电影戏剧跨界合作的事件性推广转变为时装秀场、创意广告等视觉营销方式。

三、品牌战略

香奈儿从一开始的女帽店到高级时装屋，再到香水公司、珠宝工作室，其业务范围越来越广泛。她除了将高级定制时装以外的产品线外包委托给他人外，自己则更专注于高级时装设计工作。在为好莱坞工作期间，她认真研究了美国时装工业的运作方式，同时也分析了美国百货商场为顾客喜好服务的特征，并与纽约的时尚杂志主编们建立了友好的关系，这些做法都表露出她在拓展海外业务方面的想法。重启时装屋后，品牌的消费群体从原来的法国上层阶级转变为美国新兴资产阶级，这一转变源自香奈儿的商业决策与品牌战略能力，凸显了她对市场需求转变的快速反应。

拉格菲尔德在接手香奈儿品牌后，又收购了 11 家历史悠久的专业手工艺作坊以协作设计，涵盖刺绣、辅料、制帽、制鞋等多方面业务。在他的倡导下，品牌通过重视工匠精神与手工艺的制作方式将高级定制系列与高级成衣系列区分开来，继而成为了高级时装定制与手工艺的保护者。此外，这一时期高级时装品牌之间的并购行为经常发生，它们可以在经营中相互补充、分散风险。而香奈儿品牌在众多高级时装品牌并购的背景下仍然保持独立和非上市的品牌战略，这样可以避免因多个股东对品牌的干扰而使其失去独创性，或影响品牌的特许经营权导致品牌价值降低。

总之，香奈儿全球业务拓展、转变消费群体的品牌战略与拉格菲尔德收购专业作坊、重视工匠精神以及始终保持独立的品牌战略，均有属于各自时代品牌发展的优势。

综上所述，我们可以将香奈儿阶段和拉格菲尔德阶段的香奈尔高级时装品牌设计管理方式可归纳如下（表7-1）。

表7-1　　香奈儿与拉格菲尔德的设计管理方式对比

品牌的不同阶段	设计风格	运营方式	品牌战略
香奈儿阶段	黑、白色调； 斜纹软呢、针织面料； 前期"男性化"后期回归女性美的简洁风格	时装屋作坊式运作； 社交圈名人效应的口碑营销； 电影戏剧事件性推广	业务范围拓展； 应对市场需求转变消费群体
拉格菲尔德阶段	高饱和度色彩； 皮革、牛仔等多种面料； 迎合现代女性审美的多元风格	大型企业系统化运作； 时装秀场娱乐化的视觉营销； 打造自身时尚偶像推广	收购专业作坊以协作设计生产； 保持独立和非上市策略

第三节　本章小结

一、高级时装品牌设计管理方式的独特性

基于历史的视角，高级时装品牌设计管理方式伴随着19世纪末高级时装产业的发展而演变并进一步深化。从最初的设计问题到涉及设计资源的调配，再到设计、运营和战略全方位发展，只有达成品牌的高效运作才是高级时装品牌设计管理的最终目的。而作为驱动力的高级时装设计师既要对设计项目进行创造性架构，同时作为管理者对所有部门和设计流程控制协调，其独特的设计管理决策对于整个品牌的发展都起着举足轻重的作用。

二、高级时装品牌设计管理方式与设计师职能转变

香奈儿高级时装品牌设计管理方式的转变，即由特定的行业事件所驱动，也是历史发展的必然。从香奈儿到拉格菲尔德设计管理方式的转变，一开始设计师掌控高级时装品牌开发、生产、销售的全过程，到后来设计师专职创意设计部分的同时统筹设计与管理两个层面，而设计师职能在这一过程中具体细化，实质上是高级时装品牌设计师职能在不同时代语境下的转变。

三、设计管理视角下香奈儿高级时装品牌映射的当代价值

有关香奈儿高级时装品牌在不同阶段的设计管理方式比较分析，一方面探讨了高级时装品

牌设计管理思想的萌蘖；另一方面也映射出了高级时装设计师对品牌设计与管理的职能转变。通过对香奈儿高级时装品牌的研究，我们不难发现，只有统筹设计、运营与战略等要素，呼应时代精神、符合市场需求的设计管理方式，通过迎合高级时装品牌核心消费群体才能提高品牌效益。数字化时代与知识经济时代背景下，设计师只有不断更新知识、创新设计，并通过重新调配高级时装品牌资源，随市场变化来不断提高核心竞争力已成为高级时装品牌发展的必然路径。

第八章

索列尔·方塔那高级时装品牌
及其设计管理方式

借助第二次世界大战后的欧洲经济复兴计划，意大利自20世纪中叶以后积极推进传统产业转型，时尚产业也顺势成为意大利经济复苏的驱动产业之一。随着意大利工业化进程与国民生产总值提高，意大利时尚产业的复兴促进了当时世界经济、政治、文化的发展，并为后来的"意大利制造"奠定了基础。为了推动意大利时尚产业的快速发展，当时的意大利高级时装品牌设计师纷纷开展了包括设计、运营、战略等高级时装品牌设计管理实践活动，创立了一批享誉国际市场的意大利高级时装品牌，索列尔·方塔那（Sorelle Fontana）就是其中的典型案例。然而，学术界关于设计管理如何应用于高级时装品牌发展的案例研究较少。通过追溯高级时装品牌设计管理思想的演变历程，以意大利高级时装品牌索列尔·方塔那为例，借鉴并批评地审视高级时装品牌的转型发展，分析高级时装品牌在发展过程中如何不断审时度势地调整设计方式、运营手段与发展战略。

第一节　战后意大利时尚产业的集体转型

20 世纪 40 年代末，马歇尔计划 ❶ 推动了战后意大利纺织服装产业复兴，意大利时尚逐渐在全球范围崭露头角。战后的国际时尚因市场趋于大众化，意大利纺织服装产业单一的家族式产业体系无法支撑全球化背景下的高级时装品牌集体诉求。此时，家族服装产业转型、追求新的设计方式以及适应新的设计环境成为了意大利时尚产业发展的整体诉求。由于意大利时尚产业面临着因生产方式转变而带来的手工艺生产与机械化生产协同问题，以及因时尚市场需求变化而改变的品牌服务对象与设计艺术表现形式转变问题，所以意大利高级时装品牌不得不推出差异化的产品线，融入更多具有意大利民族文化特征的设计艺术表现形式。

20 世纪 50—70 年代，意大利高级时装品牌纷纷调整运营模式与设计方法，在保留原本高级定制业务的基础上，基于以"文艺复兴与高级成衣"为特征的意大利时尚文化，积极建构艺工结合的高级成衣产业链，以高级成衣品牌引领意大利时尚发展。面对产业转型升级，当时的意大利时装设计师群体不约而同地展开了涵括设计、运营、战略的品牌设计管理实践，并由此向国际市场输送了一批享誉世界的意大利高级时装品牌。以索列尔·方塔那为例研究该品牌的发展历程，希望能够以点带面地映射 20 世纪中叶以来高级定制与高级成衣、手工精制与机械生产并行的意大利时尚产业建构历程。

第二节　高级时装品牌索列尔·方塔那的发展历程

作为意大利高级定制产业的先行者，索列尔·方塔那在 20 世纪 50 年代初期推出了首个高级定制系列，此后又于 60 年代初期新增高级成衣系列，展现了该品牌应对不同的时代诉求与市场变化而与时俱进的设计管理思想转变（图 8-1）。

一、萌芽阶段

20 世纪初至 20 世纪 40 年代末是索列尔·方塔那的萌芽阶段，也是"意大利制造"发声国际

---

❶ 马歇尔计划（The Marshall Plan），即欧洲复兴计划，是第二次世界大战结束后，美国对被战争破坏的西欧各国进行经济援助、协助重建计划，对欧洲国家的发展和世界政治格局产生了深远的影响。

图 8-1　索列尔·方塔发那品牌展进程

的起点。索列尔·方塔那高级时装屋的前身是由索列尔·方塔那父母经营的意大利帕尔马式传统家族纺织服装产业。索列尔·方塔那三姐妹从小在父母的耳濡目染下，积累了服装设计与生产经验。成年后的索列尔·方塔那三姐妹通过对女性时装设计的思考与实践，推出了融合意大利传统手工技艺与当代设计艺术表现形式的意大利高级定制时装。1943 年，怀揣着时装设计梦想的索列尔·方塔那三姐妹在西班牙的罗马广场开设了第一家名为索列尔·方塔那的高级时装屋。

二、快速发展阶段

在 20 世纪 50 年代，意大利本土的纺织面料产能优势与政府政策扶持，促进了意大利时尚产业的有序发展。意大利服装中心于 1948 年成立，为分散的意大利家族服装产业提供了一个有效的管理组织。1951 年，意大利著名企业家乔瓦尼·巴蒂斯塔·乔尔吉（Giovanni Battista Giorgini）在意大利佛罗伦萨举行了第一次意大利高级时装展，这场创新性的展览获得了美国商人和媒体的高度赞誉，时尚记者和国际买手随之涌入，直接将意大利高级时装品牌推向了国际市场。索列尔·方塔那及时调整自身生产方式，以适应变化中的时尚市场。当时正值好莱坞"黄金时代"，纸醉金迷、浮华奢靡的影视场景中充斥着大量具有悠久历史的意大利高级时装品牌，索列尔·方塔那凭借影视服装的亮眼设计成为受上流社会贵妇乃至大众追捧的高级时装品牌之一，促进了"意大利制造"的全球推广。

三、转型阶段

20 世纪 60 年代初至 70 年代末，是西方社会"年轻风暴"❶风行的时代，高级时装遭遇年

---

❶ 20 世纪 60 年代被视为是"反文化的时代"，那个时期的年轻人对父母、教会、师长都不再崇拜，"反权威"成为他们的主要思潮。出现在这个时期的嬉皮士、迷你裙等青年亚文化现象形成一股强大的潮流，冲击着西方的主流文化，被称为"年轻风暴"。

轻风潮与大众成衣市场崛起的冲击，自此西方时尚更多地与大众流行文化结合。借鉴美国成衣生产模式，索列尔·方塔那开始有针对性地调整生产方式与运营手段，采用了融合手工精制与机械化生产的生产模式，进而推出了高级成衣产品线索那塔女装高级定制（Fontana Alta-Moda-Pronta），以迎合差异化的时尚市场需求。

四、持续发展阶段

20世纪80年代初至今，随着路威酩轩集团、开云集团、阿玛尼集团等全球时尚集团的陆续成立，越来越多的高级时装品牌被收购，高级时装品牌以集团化运营模式重新调整品牌的营销手段与发展战略。与之不同的是，这一阶段的索列尔·方塔那仍然坚持独立品牌运营以保持品牌文化的完整性与家族式管理的设计运营方式。

意大利政府为了表彰索列尔·方塔那对意大利时尚界的特殊贡献，在20世纪90年代首次以设计师姓名命名街道——Zoe Fontana。索列尔·方塔那的经典设计作为意大利时尚产业发展特定阶段的标识性设计作品，被收藏于法国卢浮宫、美国纽约大都会博物馆、古根海姆博物馆等世界级博物馆。索列尔·方塔那家族的传奇经历通过电影《时尚姐妹》得以传播，影响了一批又一批意大利著名的时尚设计师，如蒂埃里·穆勒、吉斯尼·范思哲等。

第三节　高级时装品牌索列尔·方塔那的设计管理方式

通过各种设计管理实践活动，索列尔·方塔那逐渐形成了其特有的设计管理方式。在设计层面，索列尔·方塔那融合意大利传统手工艺的设计理念和不同时段的审美观念，与时俱进地更新品牌设计元素与产品创新，不断提高设计与品牌的综合价值，并采用服装展览的方式联合手工艺者、设计师、国际买手、艺术家，实现了商业与艺术的平衡。在运营层面，索列尔·方塔那坚持为上层阶级提供高级定制服务，借助名人效应不断制造与品牌有关的时尚话题。同时，应对市场多元化、全球化的转变，索列尔·方塔那通过市场细分进行差异化运营，平衡意大利手工精制与工业化批量生产的冲突，并通过产品线拓展迎合大众时尚市场。在战略层面，索列尔·方塔那明确品牌定位，强化品牌形象塑造，注重客户关系管理与品牌忠诚度的培养。索列尔·方塔那通过差异化的全球市场战略，拓展品牌业务，快速反应以匹配全球市场需求。

一、设计生产——高级定制与高级成衣结合

17世纪以来，法国开始建构其在西方社会的绝对时尚话语权体系，其高级时装产业一度垄断西方时尚市场。直至20世纪50年代，受第二次世界大战等因素的影响，欧洲各国时尚产业面临艰难转型。索列尔·方塔那作为当时大批亟待摆脱效仿法国高级定制产业、寻找适合自身发展定位的意大利高级时装品牌之一，尝试在设计生产层面寻求突破。

在设计风格方面，索列尔·方塔那作为品牌设计师，她从天主教中寻找新的设计灵感，将文艺复兴时期的设计元素结合国际化审美观念进行设计创新。索列尔·方塔那品牌将高级面料质感、顶级手工刺绣和意大利文化融入产品设计之中，赋予品牌品质感和历史文化传承色彩，使其设计结合意大利历史文化底蕴与宗教美学，吸引西方时尚消费者。

在生产制作方面，索列尔·方塔那在20世纪50年代建立了设计工作室，为品牌储备设计人才和手工匠人做准备，并坚持传统高级定制工艺设计流程，直接在模特身上进行服装设计和修改，从而更高效地服务上层阶级的定制需求。同时，面对工业化水平提升所带来的冲击，索列尔·方塔那积极推进高级成衣产品线，并强调面向国际市场的差异化产品线调整。索列尔·方塔那通过学习美国成衣制作工艺，较早开启手工精制与工业化生产相结合的生产模式。即便是成衣产品线，索列尔·方塔那也坚持将传统手工艺技术作为其设计生产业务的必要辅助手段。此外，为了追求"意大利制造"质量与价格之间的平衡，索列尔·方塔那建立了专门针对美国市场需求的新工厂，通过不同产品线的精准划分与生产销售以提升品牌效益。

二、运营管理——高级定制市场与大众市场协同

20世纪中叶以来，"意大利制造"逐渐打响了国际知名度，越来越多的好莱坞影星、皇室贵族、社会名流慕名而来。在好莱坞电影事业的"黄金时代"，索列尔·方塔那始终与美国名流联系紧密，杰奎琳·肯尼迪、伊丽莎白·泰勒、奥黛丽·赫本、艾娃·嘉德纳等更是该品牌的常客。好莱坞明星与社会名流作为当时的时尚偶像与时尚驱动者，其时尚形象容易被大众模仿。索列尔·方塔那借助名人效应，以电影、杂志等为主要媒介，辅以时装展览等宣传方式，不断为品牌制造热点话题与时尚关注度。

马歇尔计划促进了意大利与美国的贸易往来，以大众消费群体为主体的美国市场成为意大利高级时装品牌出口的主要目标市场。如何同时满足品牌原有意大利上层阶级消费群体与美国大众消费群体，成为推动意大利时尚产业转型与多元品牌产业线建立的内在动力。在品牌运营过程中，

索列尔·方塔那通过对目标市场的再定位，形成了高级定制产品线与高级成衣产品线（表8-1），从而拓宽了品牌的消费市场。基于当代设计管理视角，索列尔·方塔那在品牌运营过程中始终紧跟时尚市场趋势，经历了从服务对象、工艺特点、产品类别到设计特点的转型，并相应地持续开展从设计师职能到运营模式与发展战略的调整。

表8-1　索列尔·方塔那高级定制产品线与高级成衣产品线比较分析

产品线	服务对象	工艺方式	工艺特点	产品品类	设计特点
高级定制产品线	上层阶级与贵族群体	手工生产	意大利传统手工艺生产	婚纱、礼服、正装	融合意大利传统工艺美学、欧洲文化灵感与国际化审美观
高级成衣产品线	大众消费群体	手工生产与工业化生产结合	意大利手工技艺与美国工业生产技术结合	成衣产品系列、配饰、香水等	融入既有品牌元素与创新时尚元素的产品设计，多样化设计风格和品类延伸满足差异化消费群体

三、战略规划——品牌定位与市场延伸同步

第二次世界大战后，意大利高级时装品牌逐渐摆脱了对法国高级时装的模仿，转而寻求适合自身的发展模式，索列尔·方塔那是当时崛起的众多高级时装品牌之一。以意大利服装设计师 Micol Fontana（1913—2012年）为首的索列尔·方塔那三姐妹较早地意识到了因设计理念、市场状况、设计师身份的变化而引发的关于设计目的、服务对象以及发展战略的调整需求。基于当时的社会环境，在大多数高级时装品牌面对市场竞争转向集团化运营时，索列尔·方塔那仍坚持设计师主导、品牌家族协作的独立品牌运营方式。

首先，索列尔·方塔那较早地意识到了品牌定位与目标市场的对应关系。一方面，索列尔·方塔那将高级定制系列的目标市场定位为社会上层阶级与贵族群体，尽管价格相对成衣产品高，但因其设计精美使得上流名媛趋之若鹜；另一方面，索列尔·方塔那高级成衣产品线的目标市场为美国市场的大众消费群体，产品选择性较多，价格定位也相对更加合理。其次，索列尔·方塔那较早将其品牌标识以意大利手写体的形式缝制在品牌产品上，并以差异化的产品标识对应不同价位、类别的产品。索列尔·方塔那作为首个以"意大利制造"为标签打开美国时装市场的高级时装品牌，开启了意大利高级时装品牌的全球时尚征程。此外，索列尔·方塔那在1951年将全部服装系列授权卖给美国高级百货公司 Berdorf Goodman，通过独家供应产品线强化其品牌的高端定位。随着意大利与美国之间的自由贸易日益频繁，索列尔·方塔那不断推进着品牌的全球市场拓展。

第四节　本章小结

　　20 世纪中叶以来，以马歇尔计划为转折，以市场需求变化与生产技术引进创新为契机，意大利时尚产业快速发展，成为意大利经济复苏的驱动产业之一。国际时尚市场与时尚需求的转变，对高级时装品牌的设计管理方式提出了新的要求。索列尔·方塔那作为在第二次世界大战后面向国际市场成功调整升级的高级时装品牌，采用了高级定制与高级成衣结合的设计生产方式、高级定制市场与大众市场协同的运营手段、品牌定位与市场延伸同步的品牌战略规划，形成了由高级时装品牌设计师驱动，以高级时装品牌核心消费群为导向，基于设计与管理的双重视角与职能，以设计问题的解决为主要目标，主要包括设计、运营、战略三个环节的高级时装品牌设计管理方式。索列尔·方塔那与时俱进地调整设计管理方式，以高级定制与高级成衣并行的产品线迎合了20 世纪中后期差异化的全球时尚市场诉求，成为了"意大利制造"的起点与意大利时尚产业转型历程中的典型案例。

第九章
查尔斯·詹姆斯高级时装品牌及其设计管理方式

　　欧洲工业革命爆发后，机械生产方式的出现催生了思想、文化乃至商业领域的激烈冲突，流水线生产带来分工细化，设计师职业也随之出现。当时的设计师群体积极探讨了手工艺、机械生产、商业运营等内容与设计的关系，贡献于此的设计管理思想萌蘖。19世纪以后，美国纺织教育项目东部沿海布局，加之第二次世界大战后美国时尚的被迫转型，并经历了从效仿为主到自主创新的发展，美国纽约逐步建构了以"流行文化与大众市场"为特征的时尚体系。区别于欧洲时尚的传统文化高地优势，美国纽约时尚自成一体，形成了综合商业与艺术的特有时尚发展模式，期间的相关设计政策落实成效，时尚中心的数度转承互动，均是值得研究的西方时尚历史样本。

　　回望西方，从高级时装屋到高级时装品牌，再到时尚品牌，各个阶段的设计管理思想与设计管理方式往往与各个历史时期的政治经济、科技文化、生产方式、时代精神相契合。其中，查尔斯·詹姆斯高级时装品牌的创建恰逢高级时装产业鼎盛期，更是西方时尚中心转承与纽约时尚中心建构过程中的鲜活样本。本章旨在通过查尔斯·詹姆斯高级时装品牌的个案分析，以点带面地研究美国高级时装品牌所采用的设计管理方式，进一步丰富时尚设计管理的研究视角。

第一节　美国时尚的起点

一、西方时尚市场转型——法美转承

20 世纪上半叶，西方资本主义工业化进程加速，贵族与新兴资产阶级群体逐渐成为西方社会的主流时尚群体。查尔斯·沃斯、雅克·杜塞、保罗·波烈、艾尔莎·夏帕瑞丽等一大批法国高级时装设计师享誉国际市场，巩固了法国高级时装的世界时尚话语权。然而，伴随着第二次世界大战的爆发，欧洲成为主战场，致使欧洲高级时装产业一度走向低迷。交织于战争引发的欧美政治、经济格局骤变的时代背景下，加之 19 世纪起美国东部沿海纺织教育项目的布局，为美国时尚产业的发展搭建了良好的环境，一众欧洲时尚人才流入美国，美国时尚产业捕获发展契机，逐步形成了由跟风效仿至自主创新的发展路径，进而推动了美国以"流行文化与大众市场"为特征的时尚体系构建，这一背景下，第二次世界大战爆发后，定居于巴黎的高级时装设计师查尔斯·詹姆斯，意识到法国时尚产业环境的逆转，审时度势地将其高级时装商业阵地转至美国纽约，同时主动推进了从高级时装屋到高级时装品牌的转型，这一转型是因生产方式、消费群体、审美观念转变的历史必然，也是与美国大众时尚市场与流行文化相配伍的品牌转型。

二、高级时装品牌的设计管理研究视角

18 世纪英国工业革命以后，原本以人作为推动经济发展单一动力来源的状况发生了变化，即人力劳动越来越多地被机器取代，相应地，如何有组织地管理机器生产体系，成为了新的时代诉求。在 19 世纪末又面对新的问题，即如何实现手工艺生产与工业化流水线生产的协同，进一步催生了对设计管理的需求。最终，设计管理概念在 20 世纪 60 年代最先在英国被提出，英国设计师迈克尔·法尔在 1966 年将设计管理定义为"设计管理是在界定设计问题，寻找合适设计师，且尽可能地使设计师在既定的预算内及时解决设计问题"。从最初的提出至今，设计管理的概念、范畴、研究视角被一再拓展。

1. 基于管理视角——设计管理是管理者对设计资源的高效管理

1990 年，彼得·格罗伯（Peter Grob）将设计管理定义为："设计管理是管理者为达到组织目标，对企业设计资源的有效部署和调配。"从管理者的角度出发，格罗伯认为设计管理是管理者对设计资源的优化调配，旨在实现设计效率提升和价值最大化。因此，此时的设计管理更多地建立在

纯粹工具性和技术性手段的思维方式上，管理者在具备管理职能的基础上，还需具备对设计资源的把控能力。

2. 基于设计视角——设计管理是设计师对设计过程的管理

2002 年，比尔·荷林斯（Bill Hollins）将设计管理描述为："设计管理是设计师对开发新产品和服务过程的组织与管理。"从设计师的角度出发，荷林斯认为设计管理是以设计师为中心，指向设计过程的高效运作。因此，随着时代语境及产业需求的转变，此时对设计管理的理解从管理者视角转向设计师视角，对职能的要求也由早期单一的管理职能逐步转向设计与管理双重职能。

3. 基于品牌视角——设计管理包括设计与管理两项职能

2010 年，美国设计管理协会将设计管理界定为："计管理的目标是开发和维护有效的业务环境，在该环境中组织可以通过设计来实现其战略和任务目标。包括设计流程、商业决策和战略，三者能够促进创新，并创造出有效设计的产品、服务、通信、环境和品牌。"基于品牌视角，美国设计管理协会对设计管理的定义明确指出了设计管理的维度、过程及目的。此时对设计管理的理解在设计与管理两项职能的基础上，出现了更为具体的设计、运营、战略维度划分。

尽管随着时代环境的变化，设计管理的概念不断更新，但基本围绕其作用、职能、范围及对象展开。综上所述，本文将高级时装品牌的设计管理界定为："由时尚品牌设计师驱动，以时尚品牌核心消费群为对象，基于设计与管理的双重视角与职能，以设计问题的解决为目标，涵括设计、运营、战略环节的设计与管理过程。"基于以上认知，我们对查尔斯·詹姆斯高级时装品牌的研究将从设计与管理的职能以及设计、运营、战略三个核心维度展开。

第二节　查尔斯·詹姆斯高级时装品牌的发展历程

以 1958 年美国经济危机为转折点，划分查尔斯·詹姆斯高级时装品牌四个阶段的发展历程（图 9-1）。

一、初创阶段

美国设计师查尔斯·詹姆斯出生并求学于欧洲。1924 年，在美国公用事业大亨萨缪尔·因萨尔的关照下，于联邦爱迪生公司开始从事建筑设计工作。1926 年，詹姆斯在芝加哥开设了一家名为"宝诗龙（Boucheron）"的女帽店，成为查尔斯·詹姆斯高级时装品牌的前身。

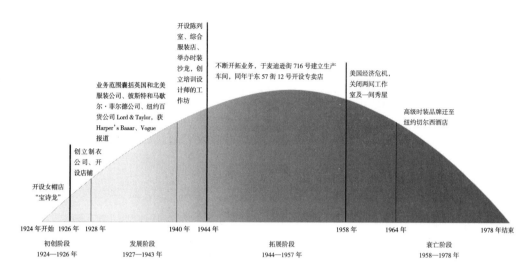

图 9-1　查尔斯·詹姆斯高级时装品牌发展阶段划分

二、发展阶段

1927—1943 年，查尔斯·詹姆斯开展了一系列积极的商业实践活动。例如，詹姆斯于纽约默里山创立小型制衣公司，于纽约长岛开设店铺，与英国和北美的服装公司、纽约百货公司——洛德泰勒（Lord & Taylor）等展开商业合作，开设综合服装店，创立设计工作室，组建专属时装沙龙，开设用于出售时装产品的陈列室等。

三、拓展阶段

1944—1957 年，是查尔斯·詹姆斯高级时装品牌的鼎盛时期。1952 年，查尔斯·詹姆斯为拓展其高级时装品牌的规模，在纽约麦迪逊大街 716 号建立了生产车间，同年在纽约东 57 街 12 号开设专卖店。

四、衰亡阶段

1958 美国爆发经济危机，查尔斯·詹姆斯高级时装品牌的发展由盛及衰。财务困境、官司缠身以及与主流时尚的格格不入，使查尔斯·詹姆斯关闭了两间工作室和一间时装沙龙展厅。1964 年，查尔斯·詹姆斯将高级时装品牌迁至纽约切尔西酒店直至 1978 年去世。

第三节　查尔斯·詹姆斯高级时装品牌及其设计管理方式

一、查尔斯·詹姆斯承担的设计与管理职能

查尔斯·詹姆斯的设计职能主要表现在对其高级时装品牌作品艺术风格、服装造型、面料、色彩、款式等的把握。查尔斯·詹姆斯高级时装的艺术风格致敬维多利亚时代的品牌设计风格，运用束胸衣、裙撑和有箍衬裙展现女性的身体曲线；查尔斯·詹姆斯对服装造型的把控，体现在以雕塑家的标准塑造严格遵照黄金比例的高级时装上；查尔斯·詹姆斯擅长使用羊毛和棉花混纺面料、台球桌布、罗缎、抛光皮、尼龙等创新面料，首次将玻璃布应用于时装中；查尔斯·詹姆斯具备敏锐的色彩感知度，擅长使用拼色、撞色等手法将不同色彩应用于高级时装中；查尔斯·詹姆斯的产品兼具多样性，既有高集成业务，又包括高级定制系列，迎合差异化的消费者诉求。其款式囊括礼服晚装、夹克、外套等多品类，其中礼服又包括日装和晚装。

查尔斯·詹姆斯同时担任了其高级时装品牌的管理工作。查尔斯·詹姆斯的管理决策交织于欧美时尚产业转型升级及市场需求的背景。查尔斯·詹姆斯通过创立设计工作室及制衣公司、开设陈列室、时装店铺及综合服装店、组建并设立专售时装和服饰配件沙龙、拓展跨国业务等一系列管理决策逐步扩大查尔斯·詹姆斯高级时装品牌的业务规模与市场份额，通过英、法、美三国囊括明星、演员、名媛、艺术家、时装设计师等上流社会群体的运营、传播和推广，逐步提升查尔斯·詹姆斯高级时装品牌的知名度与影响力。

二、查尔斯·詹姆斯高级时装品牌的设计管理维度分析

查尔斯·詹姆斯被誉为"时尚界的雕塑家""美国时尚行业首位高级定制设计师"，曾备受巴伦夏加、香奈儿、迪奥等设计大师推崇。以下从设计、运营、战略三个维度分析查尔斯·詹姆斯高级时装品牌的设计管理。

1.设计维度——标识性的设计手法与品牌风格

基于设计维度，查尔斯·詹姆斯高级时装品牌以"融合雕塑、建筑和几何学原理为一体，跳出常规思维，不受常规服装制作惯例、理论或技术限制"为设计理念，设计师将紧裹身体的褶皱、形如彩带的分割、螺旋形式的裁剪、生动复杂的垂坠和堆积等造型风格贯穿于每件作品的始终，锻造出品牌精于分割的裁剪魅力，作品极具美学价值和现代精神。基于对女性身体结构的关注，常用的设计手法有三种：一是纯粹依靠裁剪和缝接，创造性地利用面料塑形；二是内部使用类似

束胸衣的支架、外部罩以及褶皱的面料展现女性婉转曼妙的身体曲线；三是将通过改造变形打造梦幻般的服装轮廓，凸显女性曲线。

2. 运营维度——多渠道、全局性的品牌运营模式

（1）品牌标识与原创申明。作为美国高级时装品牌的代表，查尔斯·詹姆斯率先将品牌标识（"布标""织唛"）绣在高级时装作品上。他特别强调原创设计的重要性，他的品牌标识上往往标有英文 an original design by Charles James（查尔斯·詹姆斯原创设计）。

（2）沙龙展示。查尔斯·詹姆斯高级时装品牌运用时尚沙龙向上流社会群体展示最新设计。1945 年，查尔斯·詹姆斯在麦迪逊大街 699 号创建了自己的工作室和时尚沙龙，以沙龙的形式向上流阶层的名媛们展示最新时装款式，在提供定制服务的同时，更加深刻地理解消费需求。

（3）时尚社交圈。20 世纪恰逢西方资本主义工业革命，宫廷贵族与有闲阶级成为欧美时尚的主流消费群体，上流阶层的社交活动、名流聚会频繁，对查尔斯·詹姆斯高级时装屋的传播起到促进作用。詹姆斯自小生活在英国名流聚集地——贝尔格拉维亚（Belgravia）富人区，母亲为芝加哥社交名流之后，父亲是英国军官，外祖母是法国高级定制的常客。上流社会的成长环境为詹姆斯的设计生涯积累了包括明星、演员、上流社会名媛、艺术家、时装设计师在内的强大人脉（表 9-1）。

（4）营销推广。20 世纪，西方时尚信息的传播以时尚杂志、画报、广告牌、时尚聚会、时尚人偶为主要媒介，而 *Vogue* 和 *Harper's Bazaar* 作为当时美国的权威时尚杂志及信息传播媒介，在一定程度上促进了查尔斯·詹姆斯高级时装品牌的发展（表 9-2）。

3. 战略维度——全球市场与跨国业务拓展

查尔斯·詹姆斯时遇高级时装产业发展的鼎盛时期，其发展背景与产业需求的交织，驱动查尔斯·詹姆斯积极拓展跨国业务与全球市场。詹姆斯早期于英国、法国、美国巡回从事时装设计工作，积极与各个国家有影响力的人物建立联系，为其高级时装品牌跨国业务的发展积累潜在客户。通过对查尔斯·詹姆斯高级时装品牌跨国业务拓展历程的归纳总结，包括四个阶段的国际市场拓展活动。

（1）1928 年，查尔斯由英国移居美国，于芝加哥开设"宝诗龙"女帽店，于纽约默里山创立制衣公司，于纽约长岛开设时装店铺，逐步推进查尔斯·詹姆斯高级时装品牌的国际业务。

（2）1929—1933 年，凭借在英、法两国巡回期间积累的人脉资源，查尔斯·詹姆斯分别与英国和北美的服装公司、纽约百货公司——洛德泰勒、彼斯特和马歇尔·菲尔德等公司达成商业合作，开辟了基于战略合作的代销模式，在一定程度上拓宽了查尔斯·詹姆斯高级时装品牌的销

表9-1   查尔斯·詹姆斯的上流社交圈与代表作品

群体	典型消费者	从事职业	国籍	代表作
明星演员	格特鲁德·劳伦斯（Gertrude Lawrence）	喜剧及戏剧演员、舞者	美国	1928年，好莱坞明星吉普赛·罗斯·李将查尔斯·詹姆斯设计的"蝴蝶"礼服穿上 Show Girl 舞台
	吉普赛·罗斯·李（Gypsy Rose Lee）	脱衣舞娘、好莱坞明星	美国	
	克里斯托弗·德·梅尼（Christophe de Menil）	演员	法国	
上流社会名媛	奥利弗·伯尔·詹宁斯（Oliver Burr Jennings）	名媛	美国	1950年，查尔斯·詹姆斯为 Vogue 编辑贝贝·佩利定制了舞会礼服； 1953年，查尔斯·詹姆斯为奥斯汀·麦克唐纳·赫斯特制作了"四叶草"礼服
	奥斯汀·麦克唐纳·赫斯特（Austine McDonnell Hearst）	名媛	美国	
	蜜丽·罗杰斯（Millicent Rogers）	上流社会淑女	美国	
	贝贝·佩利（Babe Paley）	名媛、时装杂志编辑	美国	
宫廷贵族	罗斯伯爵夫人（Countess of rose）	伯爵夫人	英国	1937年，查尔斯·詹姆斯为罗斯伯爵夫人设计了"Coq Noir"晚礼服
艺术家	塞西尔·比顿（Cecil Beaton）	摄影家	英国	1948年，塞西尔·比顿为 Vogue 拍摄了一张查尔斯·詹姆斯的经典礼服作品，为詹姆斯联系杂志宣传并介绍行业前辈
	帕维尔·切利彻夫（Pavel Tchelitchew）	画家、舞台设计师	俄罗斯	
	让·科克托（Jean Cocteau）	诗人、剧作家	法国	
	萨尔瓦多·达利（Salvador Dalí）	画家	西班牙	
时装设计师	保罗·波烈（Paul Poiret）	时装设计师	法国	珠宝设计师艾尔莎·柏瑞蒂曾为詹姆斯设计配饰，且多次担当他的试衣模特； 巴黎高级定制设计师艾尔萨·夏帕瑞丽经常穿着詹姆斯的设计作品
	克里斯托瓦尔·巴伦西亚加（Cristobal Balenciaga）	时装艺术大师	法国	
	克里斯汀·迪奥（Christian Dior）	服装设计师	法国	
	伊尔莎·斯奇培尔莉（Elsa Schiaparelli）	服装设计师、作家	意大利	
	艾尔莎·柏瑞蒂（Elsa Peretti）	珠宝设计师	美国	

表9-2   美国的时尚杂志对查尔斯·詹姆斯的报道情况

时间	杂志报道
1929年	Vogue 和 Harper's Bazaar 杂志刊登了查尔斯·詹姆斯高级时装品牌的土连衣裙
1936—1958年	Harper's Bazaar 杂志聚焦于历史上的关键时刻，重点展示包括詹姆斯作品在内的一系列作品
1937年	Harper's Bazaarr 杂志发表了关于裁缝的文章，并附有詹姆斯在酒店工作的照片
1938年	Harper's Bazaar 杂志刊登了詹姆斯设计的晚装夹克，该夹克现收藏于维多利亚和阿尔伯特博物馆
1947年	Harper's Bazaar 杂志刊登了詹姆斯设计的晚礼服，该礼服现藏于 FIT 博物馆
1948年	摄影师塞西尔·比顿为 Vogue 拍摄了一张查尔斯·詹姆斯的经典礼服作品

售渠道与规模，继而推动其跨国业务继续向前发展。

（3）1934—1939年，詹姆斯定居法国巴黎后，詹姆斯为法国纺织品制造商科尔孔贝（Colcombet）设计面料，在一定程度上为查尔斯·詹姆斯高级时装品牌积累了法国市场的资源。

（4）1940—1952年，詹姆斯重返纽约后，开展了一系列商业实践活动。如开设查尔斯·詹姆斯高级时装品牌综合服装店，创立设计工作室，组织专售时装与服饰品的时尚沙龙，举办培训设计师的工作坊，开设陈列室，扩大生产车间及店面等。

第四节　本章小结

基于设计管理视角审视20世纪美国时尚进程，曾经出现了一批推动美国时尚自身风格形成的时尚品牌。从设计管理视角审视查尔斯·詹姆斯高级时装品牌的设计与运营活动，虽然在20世纪50年代鼎盛期后逐渐衰落，但其设计与运营方式曾引领美国时尚，促进了美国大众流行文化与市场的建构发展。

查尔斯·詹姆斯高级时装品牌作为美国时尚产业的典型案例，所开展的一系列设计与实践活动映射出在当时相对先进的时尚品牌设计管理思想，并在一定程度上推动了美国时尚转承及纽约时尚中心构建进程。

首先，基于设计维度，查尔斯·詹姆斯及其高级时装品牌统筹艺术风格、服装造型、面料、色彩等基本要素为一体。致敬维多利亚时代的品牌设计风格、严格遵照黄金比例的时装造型、开创性新颖面料的使用、夸张的色彩组合塑造出独具一格的品牌风格。查尔斯·詹姆斯高级时装兼具较高品牌识别度及鲜明强烈的设计风格，当代时装品牌应注重品牌设计风格的差异化定位，可以通过塑造独特的艺术风格及造型，使用新开发的面料及特定色彩搭配等方面提升品牌的识别度。然而后期查尔斯·詹姆斯高级时装品牌历经美国经济危机，未能审时度势地转变自身的审美风格以适应时代需求，致使其逐渐走向衰落。

其次，基于运营维度，查尔斯·詹姆斯及其高级时装品牌兼具全方位的运营模式，品牌标识与原创声明，沙龙展示，涵盖明星及演员、上流社会名媛、宫廷贵族、艺术家、时装设计师等社交圈的运营，*Vogue*和*Harper's Bazaar*杂志的营销推广等一系列的商业运营实践，展现了查尔斯·詹姆斯多渠道、全局性的运营推广模式。当代时装品牌可以借鉴其全局性的运营模式，在互联网时代背景下，运用多渠道传播实现品牌的运营推广。

再次，基于战略维度，查尔斯·詹姆斯凭借其超前的思想将其高级时装品牌业务拓展至海外市场，囊括英国、法国、美国三个主要消费市场，折射出先进的品牌发展战略意识。此外，查尔斯·詹姆斯与和彼斯特、马歇尔·菲尔德、英国和北美的服装公司、纽约百货公司——洛德泰勒等公司达成品牌战略合作协议，通过将授权代理销售给其他公司的模式，不断扩大品牌市场占有率。

20 世纪上半叶，以查尔斯·詹姆斯为代表的美国设计师群体迎合因社会生产方式、艺术思潮转变而引发的时尚消费市场变化，审时度势地展开了相关设计管理实践活动。通过对品牌自身风格的逐步确立贡献于美国时尚乃至纽约时尚中心的建构发展。从设计管理视角审视查尔斯·詹姆斯的设计管理实践活动，综合分析其品牌设计、运营、战略方式，从中不难发现其成功的必然性不仅因独到而贴合时代诉求的设计，更源于其采用特定品牌标识、沙龙展示、名流社交、营销推广、全球市场拓展等在当时具有前沿性的品牌运营方式。作为美国时尚产业崛起与纽约世界时尚中心建构进程中的个案，查尔斯·詹姆斯高级时装品牌的设计管理方式及其所映射的时代精神启发当下，更是欧、美时尚转承互动历史进程中的典型案例。

第三部分

历史与当代价值

第十章
西方时尚的逻辑事理与借鉴批评

第一节　时尚

　　国内外对于西方社会的时尚研究起步于美国经济学家凡勃伦（Thorstein B Veblen，1857—1929年）与德国哲学家、社会学家齐美尔（Georg Simmel，1858—1918年）的相关著述中。19世纪末至20世纪初，相关学者针对社会中的一系列时尚现象的思考开启了时尚理论研究的序幕。凡勃伦的《有闲阶级论》（1899年）通过研究制度的起源，观察社会经济现象，尤其是上层阶级的有闲特权与消费特征，以探讨制度与经济现象之间微妙的关系。齐美尔发表《时尚的哲学》（1905年）中提出时尚是既定模式的模仿，它满足了社会调试的需要，并提供了一种把个人行为变成样板的普遍性规则。它既满足了大众对差异性、变化、个性化的要求，也是"阶级分野"和"统合的欲望"的产物。可见，无论是经济学家凡勃伦还是社会学家齐美尔，都将时尚视为一种阶级区分的符号，时尚在模仿中同化与分化的过程也与当下时尚的发展轨迹不谋而合。至20世纪中叶，美国社会学家赫拜特·布鲁默（Herbert Blumer，1900—1987年）提出时尚是一个集体选择的过程，是消费者不约而同集体选择的结果，影响集体选择结果的决定性因素就是设计的合适性以及消费者对其潜在时尚性的依赖。布鲁默的理论看似与齐美尔的观点互相矛盾，但充分说明了时尚的起点与驱动力，因为上层阶级并不会生产服装，而从时尚的产生到流行现象的最终呈现，需要经过多个选择与消费的过程。

20世纪中叶，法国的社会学家皮埃尔·布迪厄（Pierre Bourdieu，1930—2002）与美国的社会学家赫拜特·布鲁默，根据19世纪以法国为中心的时尚现象为基准，发展了关于时尚的社会学理论并奠定了现今学术领域对时尚认知的基础。其中，对集体选择产生决定性的因素有两点：一是消费者依赖审美需求以及设计产品的功能。阶级分化是消费群体共同选择之后产生的时尚的产物，这其实不是形成时尚的原因。二是有闲阶级群体所追求的时尚名流能够展现示范性与权威性，虽然他们不能创造时尚。中产阶级群体也有集体的选择，不过他们的选择往往受到来自有闲阶级选择的干扰。在不断的模仿以及调整的过程中，时尚杂志及其他传播途径在其中所起的作用也是非常重要的。

国内学者周晓红在《时尚现象的社会学研究》（1995年）中通过对市民的抽样调查和参照我国改革开放以来社会生活的客观变化情况，提出时尚的兴替是社会变迁的微观力量。杨道圣在《时尚的历程》（2013年）中认为每一个时代的时尚所体现的正是这个时代的人们对于日常生活形式的美化，并将审美观念渗透到日常生活的各个方面，表现出与以前的相同或相似。简言之，与以前相同的就是传统，而与以前相异的，就是时尚。

简单来看，其一，时尚是以服装服饰为主要载体，与其他周边产品等共同构成时尚范畴；其二，作为一种非主体的社会现象，时尚与社会以一种互为映像的关系；其三，时尚是时代精神的符号化表现和集体审美趣味选择的结果，社会政治、经济、文化、科技的变革迭代都会影响时尚本身；其四，区别于流行作为大众传播理论范畴的内容，时尚是设计的前沿部分，往往与特定时期的艺术思潮互动联系。

第二节　时尚文化

已有研究中关于时尚文化的概念目前尚无定论。我们将国内外学者关于时尚文化的相关研究加以提炼总结，大体可以分为三个方面：

一是关于时尚文化内涵方面的研究。维尔纳·桑巴特在《奢侈与资本主义》（2005年）中从客观上肯定时尚文化内涵的发展就是来自于奢侈之风的盛行。他指出，时尚文化的形成与传播不仅改变了整个欧洲的社会产业结构，而且也给欧洲人的精神状态造成一定的影响。法国社会学家加布里埃尔·塔尔德在《模仿律》（2008 年）中认为时尚文化的产生源于人们的心理。他指出，人类之所以渴望时尚文化，从根本上讲就是因为人类通过对时尚的追求可以发泄在生活中遇到不如意的情绪以及弥补未达到的愿望，为从心理学视角研究时尚文化奠定了基础。

二是关于时尚文化与城市文化关系方面的研究。蔡尚伟在《浅析成都时尚文化的发展路径》（2018 年）中认为成都作为一座有着 4500 年城市文明的历史文化名城，时尚文化在建设世界文化名城的作用至关重要，弥合成都时尚文化内核韵味是建设成都国际时尚之城的必由之路。

三是关于时尚文化对于时尚产业支撑作用方面的研究。李采姣在《我国时尚产业文化内涵提升研究》（2018 年）中指出我国时尚产业发展一直面临的瓶颈问题是对文化内涵挖掘的缺失。这不仅导致我国时尚产业在国际同行竞争中处于劣势，同时还丧失了在国际时尚产业界的话语权。这一点在李加林的《时尚产业发展的文化支撑》（2019 年）中也有所体现，我国时尚产业尚缺乏国际化视野与战略，尤其现代时尚文化理念尚未形成，需要重视建构新时代的中国时尚文化理念，加快融入到符合新潮流的时尚产品之中，这也是提升国家文化软实力的需要。

可以这样概括，时尚文化是指反映一定政治、经济形态的价值符号，与政治经济互为交融，包括外显或内隐两种形式，具有崭新、前沿、活跃性特征的一种社会文化现象。

第三节　时尚设计

纵览国外学者对于时尚设计领域的相关研究，大致分为两个方面：

一是聚焦时尚设计的概念。日本学者田中一光在《设计的觉醒》（2009 年）中认为时尚设计是指从时尚概念确立、创意方案的设计到设计管理、产品开发到形成时尚产品的整个过程。而美国学者黛比·米尔曼在《像设计师那样思考》（2010 年）中提及在充分挖掘时尚和设计的概念之后，时尚设计的概念就应运而生，即时尚与设计综合形成的类别，指的是在某个具体设计种类中加入时尚的元素、融入时尚的特征而进行的设计。

二是探讨时尚设计的发展方向。美国纽约时装技术学院社会学教授川村由仁夜在《时尚学》（2005 年）中认为时尚设计是指从时尚概念确立、创意方案的设计到设计管理、产品开发到形成时尚产品的整个过程。时尚设计的形成需要在一定的社会范畴里，与社会趋势紧密相关，所有的设计师在进行时尚设计时都有意无意的受到了社会趋势的影响，其作品无法避免的会呈现出社会群体心理的变化和价值观的演变，这就要求一个合格的时尚设计师必须时刻站在社会群体的角度来思考设计的发展方向，只有这样其作品才能受到大众的青睐。

作为研究对象的"时尚设计"在当下主要是从时尚作为流行文化角度研究。学者田萌在《苏州地区传统工艺保护传承与振兴研究》中提到流行趋势对时尚设计的形成也起到了一定的作用。因为时尚与流行趋势是密不可分的，不同的流行趋势转换成不同的影响力，促进设计师的知识转化、激发产品的创新，进而推动时尚设计具体而快捷的呈现。从时尚学和产业角度的相关著述来看，也还没有关于明确、具体的"时尚设计"范畴的定义。可以这样说，"时尚设计"并没有作为设计学科的专业概念而被接受，其广泛的使用首先是学科范围之外的现象。

综上所述，首先，时尚设计指的是在某个具体的设计领域里，加入时尚的元素、融入时尚的特征，并结合社会趋势与流行趋势进行的设计创造，既可满足当下社会的时尚需求，又可指引未来时尚趋势的走向，与社会价值观念的变迁和社会群体的回馈密不可分。其次，作为现代设计概念的"时尚设计"，既有具体设计对象或产品的限制，又超越了这种限制，指向一个以时尚产品为中心的庞大系统，包括了调研、概念确立、方案设计、设计管理、产品开发、产品推广和展示等整个过程。

第四节　时尚体系

时尚关联着无穷的事物，诸如人、空间、物、时间和事件等，许多理论家都存在着一种共识，即认为时尚是以规则而系统的内在变化逻辑为特征的一种衣着系统。是由制度、组织、群体、事件和实践所组成，包括一些由设计师、制造商、经销商、公关公司、媒体和广告代理组成的网络次系统，它的任务就是包办时尚产品的生产和传播，并重建时尚的形象，称为"时尚体系"。罗兰·巴特出版的《时尚体系》（*Fashion System*）（1983 年）是从符号学角度研究时尚体系的最重要著作，罗兰·巴特对时尚杂志的文字内容进行分类，但忽略了诸如产业、商业等一系列重要方面，忽略了时尚系统在日常衣着实践中的具体展开。

从时尚社会学角度出发，时尚场域是皮埃尔·布迪厄提出的场域理论中一个重要案例，布迪厄关于时尚场域的核心概念由资本（capital）、特质（distinction）、地位（position）、斗争（struggle）四个部分组成。其中"资本"概念用以描述个人或机构所拥有的不同斗争资源，并把他们分为"经济资本""文化资本"和"社会资本"三种资本形式，并且原则上可以相互转化。姜图图的《时尚设计场域研究》和安格内·罗卡莫拉的《时尚领域——对布迪厄文化社会学的批判性见解》

（*Fields of Fashion Critical insights into Bourdieu's sociology of culture*）等都是对布迪厄场域理论的研究与延伸。

川村由仁夜在关于时尚系统和服装系统区别时提到："服装是物质的生产，时尚是象征性的生产；服装是有形的，时尚是无形的；服装是必需品，时尚是一种过度消费；服装具有实用功能，时尚具有地位功能；服装普遍存在于社会文化之中，但是只有在传播文化与构建制度时才产生时尚。"时装系统是把服装用带有象征性价值的时装来进行表现，时尚则可以被视为由各种机构组成的系统。这些机构在巴黎、纽约等重要城市定义各自的时尚形象，延续各自的时尚文化。在川村由仁夜的研究中表明，时尚作为一种系统首次出现是在 1868 年的巴黎，即当时的高级定制服装系统，它是由设计者、制造商、批发商、公关人员、记者和广告公司等子系统组成。时尚产业中关注的不仅仅是生产合体舒适的服装，更多关注的是生产满足时尚形象的新兴设计风格和创新思维。

时尚体系为时尚产业提供了制度化的章程与有效的传播机制。同时，时尚体系的形成加剧了时尚行业间的竞争，催化了时尚品牌的出现。现代意义上的品牌是商品经济的产物，广泛地指消费者对于产品及其系列的认知程度，不仅具有指示符号性，更加突出了以品牌为核心形成的有形与无形价值。

综上所述，时尚体系是由一些社会变化和社会标志形象作用之下而生成的着装体系；时尚体系产生于生产与消费的二元关系中，这种人们普遍认识的时尚系统包含了从时尚制造到时尚消费的所有环节；时尚体系的特征是拥有一种特定模式的系统转变的思维规律，为时尚产业提供了制度化的章程与有效的传播机制。

第五节　时尚产业

20 世纪末，国内外研究者针对时尚产业展开了大量的探究，主要从概念、视角、路径方面展开讨论。

一是概念的论述。美国社会学家 Edward A. Ross（1908 年）最先开始对时尚产业进行研究，研究的主要内容是围绕基础的概念和定义，标志着时尚产业正式揭开了神秘的面纱；《中国时尚产业蓝皮书》（2008 年）中第一次以蓝皮书的形式对时尚产业进行了详细全方位的分析和趋势研判；我国学者颜莉和高长春在《时尚产业国内外研究述评与展望》（2011 年）中定义了时尚产业的性质，认为时尚产业不是劳动或者技术密集型产业，而是进行符号消费的符号密集型产业，是社会发展到某个阶段的产物。

二是视角方面。英国专家 Elena Karpova 和 Sara Marcketti 通过访谈等形式，认为通过对时尚产业专业人士进行创造力开发可以促进时尚产业发展，其中创造力开发训练包括培养创造性思维、积累经验、创造具有挑战性的环境等。

三是时尚产业发展路径的探讨。我国学者刘长奎在《时尚产业发展规律及模式选择研究》（2012年）中归纳出时尚产业的常见发展模式，分别是政府主导、制造时尚、消费时尚和市场导向，提出我国当前时尚产业的发展遵循了消费时尚的发展模式；关冠军在其著作《北京时尚产业发展研究》（2016年）中以北京时尚控股公司为例分析北京时尚产业的发展，提出通过共建北京时尚产业生态圈、充分发挥北京服装纺织行业协会的作用；我国学者刘娟和孙虹在《五大时装之都的经验对浙江时尚产业发展的启示》（2018年）中认为时尚产业的发展要加强政府和时尚协会的引导力量，提高媒体对时尚传播的力度，尤其要注重时尚教育，优化产业结构，完善法律制度，并形成独具特色的文化氛围。

至此，本书将时尚产业归纳为以时尚为关联点的产业集合，正如英国时尚产业是创意产业与金融服务业双引擎下综合作用催生的产物，它集合了先进制造业、现代服务业与人文艺术思潮，同时借势前沿设计、大众传播与商业运营，是时代精神的映射，并由主流时尚群体集体审美趣味驱动。

第六节　逻辑事理关系

"文化经济学"是一种在经济发展中嵌入文化的方式，以文化介质为媒介与符号，助推产业高质量发展。西方时尚产业可以被视为"文化经济"的典型实践案例。时尚产业需要与之匹配的时尚体系与时尚文化，而时尚文化、时尚体系、时尚产业之间存在内在的逻辑事理关系。借鉴西方时尚历史样本，可以归纳为以"宫廷文化与高级定制"为特征的法国巴黎时尚文化，以"流行文化与大众市场"为特征的美国纽约时尚文化，以"文艺复兴与高级成衣"为特征的意大利米兰时尚文化，以"贵族文化与创意产业"为特征的英国伦敦时尚文化。这些时尚文化分别形成于特定的时空背景下，并催生了与之匹配的时尚体系，各具特点的时尚产业，促进了区域时尚产业与国家政治经济的发展（图10-1）。

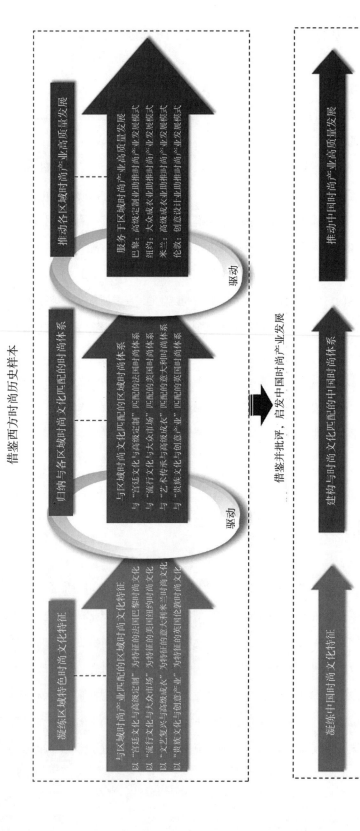

图 10-1 西方时尚文化、时尚体系、时尚产业的逻辑事理关系

第七节　本章小结

　　中国时尚产业正处于迈向高质量发展的关键窗口期，时尚产业俨然成为提升城市影响力与文化软实力的重要力量。回望西方时尚的发展历程，在各个时期形成了特有的区域时尚文化，以及与之匹配的时尚体系，共同推动区域时尚产业发展，贡献于国家政治、经济发展。顺脉西方时尚发展历程，凝练法、美、意、英等西方时尚区域文化特征，涵括以"宫廷文化与高级定制"为特征的法国时尚文化、以"流行文化与大众市场"为特征的美国时尚文化、以"文艺复兴与高级成衣"为特征的意大利时尚文化、以"贵族文化与创意产业"为特征的英国时尚文化，对标西方时尚历史样本，不难发现以时尚文化为支撑，时尚体系为保障，能够高质量推动区域时尚产业发展。吸取西方时尚经验，借鉴文化经济学相关理论，探讨时尚文化、时尚体系、时尚产业之间的内在逻辑事理关系，助推中国时尚产业高质量发展。

　　区域时尚产业以迥异的区域时尚文化为支撑，并逐步通过内在子系统之间的空间构成与交叉运作形成差异化的时尚体系，以致法国高级定制产业、美国大众成衣产业、意大利高级成衣产业、英国创意设计产业各具特征，但这种独特性并非凭空出现的，正是历史的积淀、文化的传承，构成了区域时尚产业的气质和品格。中国时尚文化的思考并非独立的，时尚文化植根于特定的时尚体系之中，共同服务于时尚产业的发展。纵观西方时尚发展历程，这种由特定政治、经济、文化背景与消费群体演变驱动的时尚体系互动，具有很强的时代性和历史必然性。

　　不难想象，时尚文化引领时尚产业迈向高质量发展任重道远，拓宽中国时尚文化建构路径并非学者一人之事，亟须政、产、学、研、商界共同介入，逐步凝练各具特色的区域时尚文化，进而发挥时尚文化对时尚产业转型升级的引领作用，助推中国时尚产业高质量发展。

第十一章
设计政策的探讨

第一节　设计政策的萌芽与发展

　　20 世纪 90 年代以来，关于设计政策的讨论被纳入了设计管理的研究范畴。国际设计管理协会（Design Management Institute，DMI）的《设计管理杂志》在 1993 年和 1996 年分别出版了两期关于设计政策的专刊：《设计与国家政策》（*Design and National Policy*）和《设计与国家议程》（*Design and the National Agenda*）。

　　2021 年度的国家社科基金艺术学项目的申报指南中明确将"设计政策研究"列入重点研究方向之一。与此同时，国际范围对其的研究也逐渐升温，2015 年米兰理工大学与兰卡斯特大学合作发布了《DeEP 欧洲设计政策白皮书》，该研究建立了完整的设计创新政策评估指标，并总结了欧洲各国设计政策的具体举措与政策实施所带来的发展数据。2008 年威尔士大学卡迪夫学院 Raulik-Murphy 博士在《国家设计政策提升国家竞争力》（*National Design Policy Improves Competitiveness*）一文中，阐述了设计策略在商业企业、创新驱动、品牌质量控制以及对国家竞争力的推动作用，并把芬兰、韩国、巴西、印度的国家设计系统梳理成图表。2013 年 Immonen 发表的《2020 全球设计观察》，通过对国际创意与设计竞争力的数据排名，重点研究设计政策在经济发展中价值的体现。可见，设计政策研究俨然已成为当前设计学界关注的重点。尽管一些学者认为作为国家对设计活动干预的手段，设计政策的历史可以追溯到古代，如 John Heskett、Jonathan M. Woodham 等的相关研究。John Heskett❶ 就指出，在历史上，国家实施于设计有关的政策有两个主要目的：关注于设计对君权地位的形象打造和关注于设计所产生的经济利益。该研究从东西方两个角度将设计政策的缘起分别回溯至罗马时代和中国的汉朝。"设计政策"作为一个名词出现在学术文献上，还是 1985 年在英国皇家艺术学院❷ 举办的"设计与创新：政策与管理"（Design and Innovation: Policy and Management）会议上。

设计政策可以分为显性的（explicit）和隐性的（tacit）。显性的设计政策是指国家正式制定的设计相关政策（可以是创新政策、设计政策或其他专业化政策）；隐性的设计政策指没有制定明确的设计政策，而是通过设计支持项目、设计发展倡议或建立设计中心等举措，间接发挥国家设计政策机制（Anna Whicher, 2014）。简言之，设计政策即以开发国家资源为目的，通过政府工作纲要和行动计划促进国家对设计资源的有效利用，贡献于国家的政治、经济、文化发展。

对如何通过政策支持设计发展的探索可以追溯到 1953 年，印度政府邀请查尔斯·伊姆斯（Charles Eames）夫妇❸ 前往印度考察，希望他们能在设计领域提出建议，以提升小产业的生产与销售。这一举动可以被看作是最早希望建立国家设计政策的尝试。早期的设计政策主要被置于商业和经济的逻辑中进行讨论，并且在很长一段时间中几乎被等同于工业设计政策。随着社会的发展，人们对设计的理解更加充分，对设计政策的实践与研究也更加深入。虽然促进经济、提升国家竞争力依然被认为是设计政策的逻辑基础，但对设计政策的考量也被放置于更加完整的系统中。一些国家的设计政策在经济与贸易的逻辑基础上，融入了现代公共管理的思维和理念，增加了社会公共利益和社会福利的视野。

国家设计政策并没有完全统一的模式，有的国家多年前就已经制定了显性的设计政策，而有的设计发达的国家至今尚未制定显性设计政策。哪怕是在有显性设计政策的国家中，设计政策也表现出并不统一的特征，并且同一个国家在不同的历史发展阶段也表现出不同的设计政策倾向。可见，设计政策在很大程度上取决于制定国的经济和政治现实，同时也取决于该国对设计价值及未来潜力的理解。

---

❶ John Heskett（1937—2014 年），国际设计研究学界知名的学者。著有《工业设计》（*Industrial Design*）。

❷ 皇家艺术学院（Royal College of Art，RCA）成立于 1837 年，坐落于英国伦敦。全球唯一的全研究制艺术院校（无本科教育）。

❸ 查尔斯·伊姆斯（Charles Eames），以设计一系列平民化的廉价椅子闻名。

第二节　设计政策与设计管理的相关研究

　　国内外学者对设计政策与设计管理及其范畴的已有研究涉及社会学、艺术学、管理学、设计学、经济学、历史学等多个学科领域。国内外相关设计政策的现有研究主要从单一视角出发，本书通过对西方国家的设计政策与时尚产业发展进行历史梳理，全面综合呈现其设计政策的面貌与特征，充分解读推动设计政策变革的深层原因，由此为中国设计政策的制定提供建议，启发中国时尚产业及品牌的发展路径。

第三节　西方国家的设计政策施行

　　西方最早开始了设计政策与时尚产业结合的相关实践。法国路易十四时期（1638—1715 年），摩登时尚文化萌芽并发展，法国时尚于此萌蘖。1793 年颁布的《共和二年法令》规定各类艺术形式和艺术人才在法国领土受到保护。相对完备的艺术文化保护政策，使时尚产业成为法国的支柱产业之一，促进了法国政治、经济和文化的发展。1851 年，法兰西第二帝国正式成立，虽然实行帝制，但拿破仑三世努力将时尚产业和资本主义结合在一起。尤其是皇后欧仁妮对于高级定制服装的青睐，有力助推了以高级定制为核心的法国高级定制产业的发展。1868 年，查尔斯·沃斯的儿子在巴黎成立法国高级时装公会，保护法国高级时装屋的权益。随着杜塞、沃斯、波烈等高级时装设计师先后登上世界时尚舞台，法国时尚体系趋于成型并为法国时尚产业的发展提供了制度化的章程与有力的政策支持。19 世纪的法国巴黎是当时欧洲乃至世界唯一的时尚中心，其时尚文化与时尚体系的构建为世界各国时尚发展提供了可以借鉴的历史样本。

　　20 世纪 40 年代后，世界时尚中心转移到美国。美国时尚在侧重大众流行文化与消费市场的同时，又发展出一条基于自身特点的升级路径。随着经济与政治的发展，人们逐渐开始注重商品的审美性与象征性，于是美国决策者重新衡量城市文化与区域经济之间的关系，制定了时尚发展政策，进而催发了纽约纺织产业的"时尚转型"。以第二次世界大战爆发为转折点，纽约时尚产业在经济与政治的双重助力下崛起，本土时尚品牌迅猛发展，当代艺术和城市文化的碰撞为时尚产业提供了新的灵感和可能，相应的时尚教育体系发展为纽约时尚产业的发展储备了必要的人才资源，时尚媒体与时尚机构又促进了时尚产业的商业发展，将纽约从制造业中心重新定位为时尚之都，并建构起支撑时尚产业生存与发展的纽约时尚体系。

在意大利时尚的转承发展过程中，以意大利政府、国家时装商会、服装行业协会三者构成的意大利时尚权力场域为核心的意大利时尚体系逐渐成型并完善。20 世纪 50 年代，以第二次工业革命为历史背景，蓬勃发展的意大利工业与其时装产业相结合，发展以工业制造为中心的意大利时尚产业；20 世纪 70 年代，全球文化观念革新冲击着意大利时尚产业，在挑战中意大利时尚发展模式转型升级，催生"意大利制造"（Made in Italy）；80 年代，意大利时尚逐步确立了以先进服装制造与设计相结合的时尚产业发展路径；70—90 年代，意大利时尚文化孕育下的"意大利制造"逐步走向全球时尚消费市场。

英国时尚产业以创意产业与金融服务业为双引擎，在政府的引导下，以伦敦为时尚中心，以"贵族文化与创意产业"为时尚文化特征，积极寻求传承与创新。英国时尚设计师在这样的区域优势文化的支撑下，促进了英国时尚产业与国家的政治、经济和文化的发展。从 18 世纪英国伦敦萨维尔街到新锐时尚品牌，从安德森与谢泼德（Anderson & Sheppard）、亨利·普尔（Henry Poole）、莫里斯·塞德维尔（Maurice Sedwell），到巴宝莉（Burberry）、薇薇安·韦斯特伍德（Vivienne Westwood）、迈宝瑞（Mulberry），英国时尚兼容高端与大众时尚市场。90 年代以后，英国进一步加大并规范了产业发展的步伐。开始推行"新文化政策"（1997 年），力促英国的著名博物馆免费开放，以增强艺术在国家生活中的地位与作用，英国创意产业在这样的背景下应运而生。创意产业是英国后工业时代知识经济发展的显著标志，以创意产业为支撑的创意城市是现代城市发展的方向。为此，英国政府又于 1997 年提出了"新英国"计划以彻底改变英国的面貌。在 2003 年提出的《伦敦：文化资本——市长文化战略草案》则更为明确地提出要将伦敦建设成为世界级的文化中心，在这一草案的推动下，伦敦时尚产业迎来其发展的高峰期，产业建设、推广效率极大提升。2018 年，英国政府推出了《创意产业：行业协议》（Creative Industries: Sector Deal），英国创意产业委员会在文件中阐述了创意产业将如何从政府和产业支持中受益，以保持英国创意产业的全球领先地位。

可见，设计的驱动作用已得到较为广泛的国际认可，设计政策已成为西方国家提升国家创意产业综合实力及促进经济发展的重要工具。近 40 年来，西方国家纷纷制定并设立了自己国家的设计政策和促进机构，从早期的技术导向，到逐渐介入社会组织，形成了脱离于政府干预的新的设计角色的范式转变。这其中，英国是较早提出"创意经济"概念的国家，对设计有了不同维度的认知，更深刻地意识到设计在整个社会、经济、文化发展过程中所发挥的驱动作用。下文将通过对英国国家设计政策引导下的时尚产业发展路径进行典型个案分析，以期为中国设计相关政策的制定提供借鉴，启发中国时尚产业发展路径。

第四节　英国设计政策的陆续出台与产业贡献案例

纵观英国时尚发展历史进程，其纺织品与时尚产业已成为国家经济发展的重要支柱，深究其背后的动因可以发现英国国家设计政策对设计活动的推进促使英国时尚产业的蓬勃发展，而政府相关设计政策的制定起到主导作用。英国设计政策既包含了自上而下制定的国家战略，也涵盖了由专业或行业协会来推动的政策措施。从筹措制定，到形成政策、立法采纳，再到最后的执行评估，几乎每一项政策的落地都经历了纷繁复杂的历程。工业革命为英国纺织业奠定了坚实的基础，以时间为脉络系统梳理英国国家设计政策的演进历程，大致可以分为以下几个阶段：首先是政府制定相关政策促进设计活动及服装行业的发展，可以追溯至18世纪后期"大都会发展计划"中伦敦时尚街区的建设；其次是1851年"水晶宫博览会"对服装、纺织品面料及机器的展示；最后是1909年"制衣业最低工资的原则"及培训服装裁缝学校的出现，为20世纪90年代英国设计政策的制定推广及时尚产业的崛起奠定了基础。18世纪以来，纺织业成为英国工业革命的支柱产业之一，以此为起点溯源英国设计政策的发展脉络，不难发现英国设计政策始终随着国家的社会、经济和文化的发展与时俱进。

工业革命促使英国纺织业萌芽。采用焦炭取代木炭炼铁的成功、坩埚炼钢工艺的发明、钢铁工业的创新为英国实现机械化大生产的纺织业提供了必要的前提条件。此后，纺织业新发明和新技术层出不穷：飞梭使织布工人的工作效率提高了一倍；珍妮纺纱机实现了纺织技术的巨大飞跃；水力纺纱机采用水力，用其纺出的纱质地坚韧。骡机、手摇缝纫机、铁制织布机、自动织布机、蒸汽机等纺织机器的发明实现了纺织行业的机械化生产，使英国首先确立了"世界工厂"的地位。

18世纪后期"大都会发展计划"。根据伦敦博物馆资料显示，18世纪后期，乔治四世受到英国景观化运动（english picturesque movement）的启发，邀请建筑师约翰·纳什（John Nash）共同实施"大都会发展计划"。这个计划是为贵族阶级建造一个"花园城市"，这里除了别墅、林地、王室别宫、一个湖和一条运河外，还包括足以容纳大型马车的车道，使去往公园、法院和议会的交通更加便利。相关的配套设施也列入计划，例如一系列商业购物街和高级文化娱乐场所。这个城市规划为伦敦带来了革命性的变化，也为日后伦敦成为国际时尚之都奠定了扎实的基础。

在"大都会发展计划"中，从牛津街（Oxford Street）商业大道到北边的圣詹姆斯（St James）地段是一系列住宅设计的发展项目之一。约翰·纳什设计和改造摄政街的首要目的是建成欧洲著名的购物街。通过摄政街，从新摄政北部的公园到南面的卡尔顿宫殿（Carlton House Terrace），西区弥漫着浓郁的上流社会的生活方式。1820 年，新摄政街竣工，该街道融合了不同的文化风格，开创了一个时尚购物组合区域的先例，也开创了一种新型的休闲旅游购物生活方式，伦敦西区逐渐成为首都最负盛名的时尚区。

1851 年"水晶宫博览会"。1851 年，维多利亚女王与阿尔伯特亲王（Prince Albert）为振兴英国贸易成立了英国皇家展览委员会，负责筹办水晶宫博览会，旨在鼓励设计师和艺术家积极创作，进而提升英国的设计水准，促进国际合作和推动产业进步。

据统计，水晶宫博览会参观人次多达 600 万，相当于英国总人口的六分之一。来自世界各地的 1 万件作品展于水晶宫，这些作品主要为艺术品、手工艺品和纺织品等，如伦敦公司展出了大衣、西服套装、内衣、披肩和时尚配饰等。Machines in Motion 展馆展示了从纺纱棉到成品布料、从丝绸到织物的全部制作过程，并对面料的耐用性和实用性等方面进行详细介绍。在伦敦摄政街开设高级时装屋的约翰·艾玛里（John Emary）在展会期间推出了最新设计的一款男士防水外衣。这些内容充分展示了英国革命性的设计和发明。

博览会之后，阿尔伯特亲王建议将展览的盈余用来建博物馆、音乐厅、画廊和学院。1855 年，维多利亚及阿尔伯特博物馆（V&A Museum）开幕。此后，各类博物馆、音乐厅（如阿尔伯特音乐厅）、学院（如皇家艺术学院）和学会如雨后春笋般设立，形成"阿尔伯特都会区"。到了 19 世纪 90 年代，伦敦西区已有 38 座剧院，堪称拥有世界剧院的城市。与此同时，英国服装设计和制作方面的书籍、产品设计类书籍和时尚生活杂志得到蓬勃发展。

1909 年制衣业最低工资贸易议会法。1909 年，英国通过贸易议会法，建立了制衣业最低工资的原则，驱动伦敦时装产业的进一步规范，政府和行业投资贸易学校的发展。1914 年，巴雷特街贸易学校（Barrett Street Trade School）开业，为宫廷缝纫制作和百货公司提供熟练的裁缝，1963 年形成了目前的伦敦时装学院。

1941 年有计划的配给制度。1941 年，由于第二次世界大战导致的物资匮乏和服装成本上升，政府开始实施纺织品的配给制度，控制面料和服装的质量和价格。战争期间，为消除异议，政府严格控制纺织品和服装制造，提高制造和生产标准化。1942 年，英国《时尚》（Vogue）杂志总编辑哈莉·玉沃成立伦敦时装设计师协会（Incorporated Society of London Fashion Designers，Inc

Soc），在战争期间，协助政府促进英国服装行业发展。在 20 世纪 40—60 年代，《时尚》和《芭莎》（*Bazaar*）等时尚杂志对促进和支持伦敦时装的发展做出了重要贡献。

1961 年政府设立服装出口理事会。自 1965 年起，由政府设立的服装出口理事会（Clothing Export Council，CEC）帮助英国时装设计师外销产品。CEC 还提供一个论坛，用于讨论促进出口的方法，鼓励服装出口领域的合作。英国时尚业作为一个整体形象对外输出，加速了英国时尚产业的腾飞。第二次世界大战之后的十年里，全国服装行业普遍表现良好。1954—1963 年之间，英国服装出口量大约翻了一番，接下来两年再次翻了一番。1970 年 CEC 组织了名为"伦敦设计师系列"的大型时装表演。该场演出由玛丽·奎恩特（Mary Quant）、奥西·克拉克 (Ossie Clark)、爱丽丝·波拉克 (Alice Pollack)、西娅·波特 (Thea Porter)、吉娜·弗拉蒂尼 (Gina Fratini)、等 11 位著名的时装设计师担任设计。

1970 年英国政府建立"同酬法"。1968 年，在英国伦敦达格男（Dagenham）地区的福特汽车工厂，发生了一场轰动全国的女性缝纫机械师罢工事件。这次罢工事件导致英国政府于 1970 年建立"同酬法"，规定在英国就业的男性和女性工资必须平等。

1993 年"创造性的未来"报告。英国是最早提出"文化创意产业"概念的国家，英国自 20 世纪 90 年代开始发展文化产业起，就强调用政策来打造"创意"，推动文化产业发展。英国创意产业政策的提出并非偶然，而是在特定的历史时期和经济全球化背景驱动下产生的。创意产业理念源于创意理念的出现，早在 1912 年，创意产业理论先驱熊彼特就明确提出，创新是现代经济发展的根本动力。1986 年，英国经济学家罗默也撰文指出，"新创意会催生出无数新产品，创造广阔的新市场，提供大量获取财富的新机会，所以新创意是推动一国经济增长的原动力"。1993 年，英国文化艺术发展战略中发表了以"创造性的未来"为题的报告。1994 年，澳大利亚政府颁布了文化发展战略的报告。英国政府派团考察，随后建立了相关管理和组织机构，并投入了大量资金和资源支持创意产业的发展。

1997 年英国成立了英国创意产业特别工作小组。1997 年 5 月，布莱尔出任英国首相，于 7 月正式提议并推动文化、媒体和体育部（DCMS）成立了英国创意产业特别工作小组（CITF）并亲任主席，鼓励发展原创力，凝聚创意核心竞争力，将创意产业作为摆脱英国当前局面的新手段，推动英国成为"世界创意中心"。

1998 年英国创意产业特别工作小组出台《英国创意工业路径文件》。该文件包括 *Design*、*Fashion* 等在内的 30 份文件，首次明确了创意产业的概念，明确指出要通过创意产业，制定相关产业政策来促进英国产业结构的调整，利用创意产业促进英国经济新发展。

2001年英国创意产业特别工作小组第二次出台《英国创意工业路径文件》。该文件包括
Design、*Designer Fashion* 等在内的30份文件，对当前英国政府的政策和创意产业发展现状进行
了调查、汇总和分析，并提出改善意见。

2011年"英国创意2012计划"。2011年9月伦敦时装周开幕式上，英国时装理事会主席哈
罗德·蒂尔曼（Harold Tillman）、CBE❶和伦敦市长鲍里斯·约翰逊（Boris Johnson）共同启动"英
国创意2012"计划。该计划由英国时装协会（BFC）创建，组织和策划各种大型庆祝和展示英国
时装行业的系列活动，并与伦敦政府合作。

表11-1　英国设计政策汇总

阶段	时间	相关政策	内容
萌芽阶段	18世纪	大都会发展计划	18世纪后期乔治四世"大都会发展计划"包括了时尚购物街的建设
	19世纪	水晶宫博览会	1851年，维多利亚女王与丈夫阿尔伯特亲王举办"水晶宫博览会"，其中就包括了服装及面料展区
发展阶段	20世纪	制衣业最低工资原则	1909年，英国通过贸易议会法，建立制衣业最低工资原则，促进伦敦时装产业的进一步规范，以及政府和行业投资贸易学校的发展
	20世纪40年代	有计划的配给制度、建立工业设计委员会	1941年，英国政府严格控制纺织品和服装制造，提高制造和生产标准化；1944年，建立工业设计委员会；支持纺织品在内的重要货物出口
	20世纪50年代	举办首次工业设计政策大会、开设设计中心	举办首次工业设计政策大会；在伦敦Haymarket开设设计中心；支持地毯等特殊行业的发展；建立与教育机构的联系
	20世纪60年代	设立服装出口理事会、宣布设计奖、举办会议与展览、设立咨询委员会	1961年，英国政府设立服装出口理事会，帮助英国时装设计师外销产品；宣布设计奖，例如Cotton Board, British 和 British Aluminium；举办地毯等行业的会议与展览；设立咨询委员会
	20世纪70年代	建立同酬法、重组工业设计委员会、开展设计教育相关活动	1970年，英国政府建立同酬法，规定在英国就业的男性和女性工资必须平等；重组工业设计委员会、开展设计教育相关活动
	20世纪80年代	推广设计中心甄选产品、提升设计教育水平	建立提升设计教育水平的政策；推广设计中心甄选产品并推出设计中心甄选"创新针织品"；向企业提供"受资助顾问计划"
	20世纪90年代	《创造性的未来》报告、英国创意产业特别工作小组、《英国创意工业路径文件》	1993年，英国文化艺术发展战略中发表了以《创造性的未来》为题的报告；1997年，英国首相布莱尔正式提议并推动文化、媒体和体育部（DCMS）成立了英国创意产业特别工作小组（CITF），鼓励发展原创力，凝聚创意核心竞争力，推动英国成为世界创意中心；1998年，英国创意产业特别工作小组出台《英国创意工业路径文件》，首次明确创意产业概念，明确指出要通过创意产业，制定相关产业政策来促进英国产业结构的调整，利用创意产业促进英国经济新发展
	21世纪	《英国创意工业路径文件》	2001年，"英国创意产业特别工作小组"第二次出台《英国创意工业路径文件》，该文件调查、汇总、分析当前英国政府政策、创意产业的发展现状，并提出改善意见

---

❶　CBE是 Commander of the Order of the British Empire 的缩写，指英国司令。

据 2020 年 1 月英国文体部公布的数据，2019 年英国数字经济已经超越制造业、采矿、发电等工业部门，成为英国最大经济部门。彭博社 2020 年 4 月 1 日报道称，由媒体、互联网和电影、音乐、广告等创意产业所构成的数字经济已成为英国最大的产业经济类别，占去年英国经济增加值总额的 14.4%。2019 年英国数字产业增长 4.6%，是 GDP 增长速度的三倍多。

英国创意产业政策体系在全球最早提出了"创意产业"概念，也是世界上第一个政策性推动创意产业发展的国家。1997 年布莱尔政府上台后，创设英国文化、媒体和体育部（DCMS），内设创意产业工作组（Creative Industries Task Force），大力推进创意产业。1998 年和 2001 年，英国文体部两次发表创意产业纲领文件，提出创意产业发展战略，具体措施包括：在组织管理、人才培养、资金支持等方面加强机制建设，对文化产品的研发、制作、经销、出口等实施系统性扶持，逐步建立完整的创意产业财务支持系统，包括以奖励投资、成立风险基金、提供贷款及区域财务论坛等作为对创意产业的财务支持。英国不仅是世界上第一个提出创意产业理念的国家，也是第一个用政策来推动创意产业发展的国家。英国政府的创意产业政策，是目前国际上产业架构最完整的文化产业政策，被视为设立了创意产业的"黄金标准"，即政府以增加培训、融资倾斜、推动立法等方式推动文化创意产业发展。

2005 年 6 月 16 日，英国政府提出要把英国建设成为全球创意中心的新目标，为此，政府主管创意产业的文化、媒体和体育部（DCMS）采取了一系列建设"创意英国"的战略举措，在创意产业的支持、发展及提高生产力方面建立一个更好的框架。该战略是英国有史以来首个以产业为主导的战略，同时也将在英国的创造产业理念向世界其他地区输出、鼓励外来投资等方面发挥重要作用。2005 年 11 月英国政府发布了创意经济计划，2006 年又公布《英国创意产业竞争力报告》，将创意产业分类为三个产业集群：生产性行业 (Production Industries)、服务性行业 (Service Industries)、艺术品及相关技术行业 (Arts and Crafts Industries)。

第五节　本章小结

回望西方时尚历程，期间经历了多次时尚中心的转移，多由特定事件、关键性人物诱发，是多种时尚力量共同作用的结果，也是历史发展的必然轨迹。法国经历了自宫廷时尚到高级时装产业的发展进程；美国经历了自仰望巴黎到自主创新的文化与产业转型；意大利经历了第二次世界大战后的国际时尚产业链与高级成衣市场的建构；英国经历了贵族时尚与创意文化产业的融合发展。西方时尚在历史进程中逐渐形成了各具特色的区域时尚文化，以及与之匹配的时尚体系与产业特征。从西方时尚回望中国时尚产业发展，同时分析西方时尚进程中遭遇的挫折与因个别设计政策制定落实而引发的问题，不难发现设计管理与设计政策对于推动时尚产业发展所起到的关键性作用。近40年来，西方国家纷纷设立自己的国家设计政策和促进机构，从早期的技术导向到逐渐介入社会组织，形成了脱离于政府干预的设计角色新的范式转变（表11-2）。

表11-2　西方国家时尚发展与设计政策归纳

国家	时尚文化	设计政策	时尚产业	成功经验	失败案例
法国	以"宫廷文化与高级定制"为特色的法国时尚文化	《共和二年法令》（1793年）《创新税收抵免计划》（2018年）《法国数字文化政策》（2020年）……	高级定制驱动的法国时尚产业	法国高级时装公会驱动，法国时尚文化为核心，政策法规为保障的高级定制产业发展模式	时尚高等教育体系薄弱导致时尚人才外流。2015年起受到快时尚品牌冲击，本土时尚消费市场萎缩
美国	以"流行文化与大众市场"为特色的美国时尚文化	《国家艺术与文化发展法案》（1964年）《创新设计保护法案》（2015年）《国家艺术及人文事业基金法》（2018年）……	大众成衣驱动的美国时尚产业	大众市场导向，行业协会扶持的技术与营销模式创新的时尚产业发展模式	20世纪90年代以来三次美国设计政策倡议流产，纽约政府于1993年建立时尚中心商业改善区以提升纽约城市形象，引发租金上涨，时尚产业缺少低成本创业空间
意大利	以"文艺复兴与高级成衣"为特色的意大利时尚文化	《欧洲复兴计划》（1948年）《企业激励计划》（2018年）《34号法令——时尚纺织业专项补贴》（2020年）	高级成衣驱动的意大利时尚产业	行业协会统筹，政府扶持，时尚产业集聚区为亮点，依托于全球高级成衣产业链的时尚产业发展模式	2008年金融危机后意大利时尚产业受创，政府未及时给予政策支持，导致产业利润大幅下滑
英国	以"贵族文化与创意文化"为特色的英国时尚文化	《英国创意产业路径文件》（1998年）《创意英国——新人才新经济计划》（2010年）《时尚设计基金》（2019年）	创意文化驱动的英国时尚产业	政府引领，全民参与，强调数字化策略的创意文化产业发展模式	2013年首提，至2020年正式"脱欧"，英国与欧洲国家的协作式时尚产业链被切断的同时导致制造成本上升，设计人才与资金流失问题

综合上述，通过对国内外学者对设计政策与设计管理的研究，以及结合西方国家设计政策与时尚发展的相互关系进行归纳分析，我们认为设计管理与设计政策两者具有密切的关系，且对于推动时尚产业的发展起着关键性的作用。

首先，设计政策具有更高的相对维度且往往与国家层面的政策制定相关联，凌驾于设计管理之上却又嵌构于国家政策与社会架构之间，不同的国家背景与社会基础会导致设计政策的相应转变；其次，设计管理作为把控设计与商业关系的工具，其驱动力与设计政策相似，而设计管理则更为细化，其作为框架、沟通桥梁，弥补了各个领域内设计师与管理者之间的差距，且设计管理在近年来被赋予更多的战略意义，以期在战略层面优化转变组织结构与发展趋势。设计管理与设计政策之间存在着层层递进的关系，设计管理思维往往受到设计政策的影响，而设计政策的制定与规划则与时代环境有着密切联系，相比之下，设计政策是方向与指针，而设计管理则是重在实践的框架与工具。

在中国，学界对设计政策和设计产业政策方面的初步研究始于近十年。最初大部分研究主要是基于具体产品设计而进行的政策研究，如集成电路设计产业、服装设计产业等。还有部分学者对芬兰、德国等一些国家和地区上述具体设计产业进行了专题研究，主要侧重于这些设计产业的政策要求等内容。同期有研究者开始关注中国的设计政策问题，但研究目的多侧重于能引起社会各界对该问题的关注方面。当前，伴随着我国政府设计产业政策的酝酿，一些学者开始将目光转向从设计管理视角出发的关于相关设计政策制定进程的研究。

总的来看，国内目前关于设计管理与相关设计政策的研究还比较薄弱，从学术界的研究成果来看，关于设计管理的研究还处于初始阶段。

第十二章

从典型案例到高级时装品牌设计管理的解读

19 世纪末至 20 世纪初,工业革命洗礼下的法国历经了生产方式、社会结构、人文思潮等方面的剧变,新兴资产阶级逐渐取代了贵族阶级,成为时代的引领者,时尚话语权也随之转变。与此同时出现了以查尔斯·沃斯为首的一批高级时装设计师,不断地进行高级时装屋设计与运营方面的实践活动,并在法国政府的支持下,推动了法国高级时装产业的发展。其中包括了如查尔斯·沃斯、保罗·波烈、香奈儿等一批高级时装设计师。这一时期的法国高级时装屋主要依托于社交圈、时装展示、新式传播媒介进行推广,当时的法国高级时装设计师结合当时法国的新兴人文思潮与时尚消费诉求,进行全新的高级时装设计,并直接管理高级时装的生产制造过程,形成了一种设计与管理并行的高级时装屋经营方式。

其中,查尔斯·沃斯作为高级时装品牌之父,以其远见卓识开创了一系列为后人所效仿的设计管理方式,如组合式生产、沙龙式时装展示等。保罗·波烈更是通过取消女性紧身胸衣,创新"沉浸式"时装展演,将高级时装品牌的发展引领至全新的时代。

而又如香奈儿高级时装品牌,其自创立以来一直发展至今,经历了百年的历史变迁,其在不同阶段的设计管理方式也有所区别。在其品牌发展初期,香奈儿本人作为其高级时装品牌的设计师与管理者,统筹设计、运营与战略等要素,寻求呼应时代精神、符合市场需求的设计管理方式,通过创新性的高级时装设计开辟高级时装新的设计方向；而在数字化时代与知识经济时代背景下，设计师不断更新知识、创新设计，并通过重新调配高级时装品牌资源，随市场变化来提高核心竞争力成为高级时装品牌高质量发展的可循路径。

20 世纪 50 年代开始，受马歇尔计划的全球影响，以市场需求变化与生产技术转变为契机，意大利高级时装产业快速发展，又因其成为意大利经济复苏的驱动产业之一而受到意大利政府重视。为迎合国际时尚市场与时尚需求的转变，高级时装品牌的设计管理方式也急需调整。方塔那作为在战后面向国际市场成功调整升级的高级时装品牌，采用了高级定制与高级成衣相结合的设计生产方式、高级定制市场与大众市场协同的运营手段、品牌定位与市场延伸同步的品牌战略规划，形成了由高级时装品牌设计师驱动，以高级时装品牌核心消费群为导向，基于设计与管理的双重视角与职能，以设计问题的解决为主要目标，主要包括设计、运营、战略三个环节的高级时装品牌设计管理方式。

除去欧洲高级时装品牌以外，美国也依托着大众流行文化，摸索出属于其自身独特的高级时装品牌与设计管理方式。通过研究 20 世纪美国时尚进程，曾经出现了一批推动美国时尚自身风格塑造的高级时装设计师与高级时装品牌，查尔斯·詹姆斯便是其中之一。查尔斯·詹姆斯高级时装品牌于 20 世纪 40 年代曾一度达到其发展的巅峰时期，时尚影响力空前，但却因其固守设计管理方式而不断衰落，存世仅 50 余载。从设计管理视角审视查尔斯·詹姆斯高级时装品牌发展历程，其设计管理方式一度引领美国时尚，且为日后美国大众流行文化与市场的建构发展奠定了深厚的基础（表 12-1）。

由此可见，本书所涉及历史范畴内的高级时装屋几乎均由高级时装设计师一人承担设计师与管理者职能；同时，在当时的高级时装设计师多以解决设计问题为主要导向，兼顾高级时装屋的设计效率与盈利能力；最后，这一时期的高级时装屋设计与运营方式，凸显了设计、运营、战略三个方面的创新。

审视当下，当代高级时装品牌，即使已有较为完善的设计管理方式，但随着时代精神的不断演变，也需进行适时适度的调整。在全球疫情常态化时代背景下，大型时装秀场难以举办，全球经济发展态势低迷等时代现状要求高级时装品牌必须寻找符合疫情现状的经营方式，自 2020 年新冠疫情暴发以来多个高级时装品牌均进行了以视频为主要展现方式的无人时装发布秀，以这一方式即规避了现场观众集聚，同时也结合时下最新科技进行了全新的时装展演，也受到了消费市场的良性反馈，开启了全新的高级时装展示方式。由此可知，设计管理只有在结合时代精神，符

表12-1　高级时装设计师及其时装屋的运营管理情况（19世纪末至20世纪中叶）

设计师	查尔斯·沃斯（Charles Worth）	保罗·波烈（Paul Poiret）	嘉柏丽尔·香奈儿（Cabrielle Chanel）	索列尔·方塔那（Sorelle Fontana）	马瑞阿诺·佛坦尼（Mariano Fortuny Madrazo）	查尔斯·詹姆斯（Charles James）
生卒年	1826—1895	1879—1944	1883—1971	1913—2015	1871—1949	1906—1978
高级时装屋运营阶段	1858—1946	1903—1929	1916—1939	20世纪初至今	1906—1949	1926—1978
设计风格	克里诺林式设计	女性主义与东方主义	"男性化"简洁设计风格	文艺复兴设计元素、宗教美学	技术与艺术融合	格致维多利亚时代的品牌设计风格
设计管理方式	设计要素：组合式设计，装配既高效率，首推公主线；运营要素：基于计式交圈的运营方式；战略要素：品牌经典视觉标识设计	设计要素："女性主义"设计思想的高级时装，首推东方主义系列高级定制设计；运营要素：巴黎上流社交圈为目标"沉浸式时尚聚会"式展示等；战略要素：海外市场拓展	设计要素：黑、白色调前期"男性化"后期回归女性美的简洁风格；运营要素：时装屋作坊式运作，社交圈名人效益的口碑营销、电影戏剧事件性推广；战略要素：业务范围拓展适时转变消费群体	设计要素：高级定制与高级成衣结合；运营要素：高级定制市场与大众市场协同；战略要素：品牌定位与市场延伸同步	设计要素：研发付诸设计应用，首推将技术与艺术融为一体的"迪佛斯"褶皱连衣裙；运营要素：个性化的品牌代理销售推广，生产与售后服务等，包装与售后服务等；战略要素：无	设计要素：以雕塑家的标准塑造严格遵照黄金比例的时装，首推以"四叶草"礼服为典型代表的高级定制设计；运营要素：品牌标识与品牌声明，沙龙展示、时尚社交圈，原创定制、营销推广等；战略要素：全球市场拓展

合时代发展潮流，才能够推动高级时装品牌的更好发展。

　　综上所述，结合本书对多个具有典型性的高级时装品牌设计管理方式进行单案例式的挖掘分析，描绘出设计管理随着高级时装品牌而不断发生的转变，可以发现其设计管理方式不是盲目选择而成的，必须要结合高级时装品牌自身的品牌形象、品牌特点，立足于自身的同时还需把握时代精神的演变，达到符合品牌定位、满足消费者需求、契合时代精神等要求，方能更好地推动品牌自身高效发展，这也是中国当下高级时装品牌所需要考虑与实践的。

参考文献

[1] Mei M R. ʻFortuny, un Espagnol a Veniseʼ. Musee de la Mode de la Ville de Paris, Palais Galliera, Paris, 4 October 2017−7 January 2018[J]. Textile history, 2018, 49（2）: 238−244.

[2] Michael Gross. Chanel Today[N]. The New York Times, July 28, 1985.

[3] Luxury Product & Brand Management of Chanel[J/OL]. ukdiss. com, Dec. 9, 2019.

[4] Megan McDonough. Karl Lagerfeld, fashion designer who reinvented Chanel, dies at 85[N]. The Washington Post, Feb. 19, 2019.

[5] Amy M. Spindler. Study in Contrasts: Chanel, Givenchy[N]. The New York Times, Oct 15, 1996.

[6] Jess Cartner−Morley. Karl Lagerfeld King of Fashion Theatre who Shaped Chanel Legacy[N]. The Guardian, Feb 19, 2019.

[7] Courtney Kenefick. Chanelʼs Show of Hands[EB/OL]. Surfacemag, Jan. 4, 2017.

[8] Shinʼya Nagasawa. Managing Organization of Chanel S. A. [J]. Departmental Bulletin Paper, 2011: 18.

[9]Annuaire−guide des achats pour les Exposition universelle internationale de 1900 a Paris[M]. Exposition international. Éditeur scientifique, 1900.

[10] Troy, Nancy J. Paul Poiretʼs Minaret Style: Originality, Reproduction, and Art in Fashion[J]. Fashion Theory, 6（2）: 117−143.

[11] Bowles, Hamish. Fashioning the Century[J]. Vogue. 2007（5）: 236−250.

[12] Karimzadeh M. A Modern View of Paul Poiret[J]. Wwd Womens Wear Daily, 2007.

[13] Alas M, Pigott M. Surreal state: boldly sculpted shapes, rich embroidery and high−contrast, geometric patterns, often a La Paul Poiret, have an enigmatic charm[J]. 2006.

[14] Parkins I. Poiret, Dior and Schiaparelli[J]. Palgrave Usa, 2012.

[15] Caddy D. Classic Chic: Music, Fashion, and Modernism（review）[J]. Music and Letters, 2008, 89（3）: 430-432.

[16] SUN Q. Emerging Trends of Design Policy in the UK[C]. Aarhus: Design Research Society Anniversary Conference, 2016.

[17] Michael Farr. The "Design Management-why is it needed now?" [J]. Design Journal, 1965, 8.

[18] Michael F. Design management: Planning the procedures[J]. Design, 1965（1）: 38-43.

[19] Grob P. Design Management[M]. London: Architecture Design and Technology Press, 1990: 103-128.

[20] Hollins G, Hollins B. Total Design: Managing the Design Process in the Service Sector[J]. pitman, 1991.

[21] Best K. Design Management: The Management of Design Strategies, Processes and Projects[M]. Singapore, AVA Publishing SA, 2006: 45-56.

[22] Museum B, Coleman E A, James C. The genius of Charles James[M]. Brooklyn Museum, Holt, Rinehart, and Winston, 1982.

[23] Choi K H. Fashion Criticism in Museology -The Charles James Retrospective-[J]. 2016.

[24] Reeder J G. Michèle Gerber Klein, Charles James: Portrait of an Unreasonable Man[J]. Costume, 2019, 53（2）: 291-292.

[25] Ann E. Fairhurst, Maile H. Jones, Karla Kunoff. Charles James Re-created[J]. Costume, 2013, 27（1）.

[26] Bueno M L. Por que ler: Charles James, um astro sem atmosfera no mundo da moda[J]. dObras - revista da Associao Brasilra de Estudos de Pesquisas em Moda, 2014, 7（16）: 39.

[27] Koda. Charles James beyond fashion[M]. Metropolitan Museum of Art, Yale University Press [distributor], 2014.

[28] Miles Lambert. Charles James, Designer in Detail[J]. Costume, 2016, 50（2）.

[29] Michael F. Design management: Planning the procedures[J]. Design, 1965（1）: 38-43.

[30] Grob P. Design Management[M]. London: Architecture Design and Technology Press, 1990: 103-128.

[31] Best K. Design Management: The Management of Design Strategies, Processes and Projects[M]. Singapore, AVA Publishing SA, 2006: 45-56.

[32] Michael F. Design management: Why is it needed now?[J]. Design Journal, 1965（1）: 38-39.

[33] Parkins I. Poiret, Dior and Schiaparelli[J]. Palgrave USA, 2012.

[34] Caddy D. Classic Chic: Music, Fashion, and Modernism（review）[J]. Music and Letters, 2008, 89（3）: 430-432.

[35] Samuelson P. Statutory Damages: A Rarity in Copyright Laws Internationally, But for How Long?[J]. Journal of the Copyright Society of the U. S. A, 2013, 60（4）: 529-580.

[36] Office L . Rules and Regulations for the Registration of Claims to Copyright. [J]. G. P. O. 1922.

[37] Rocky Schmidt，"Designer Law：Fashioning a Remedy for Design Piracy. " [J]. UCLA Law Review 30, no. 3（April 1983）：867－889.

[38] Goldstein P. Copyright's Highway：From Gutenberg to the Celestial Jukebox [J]. copyrights highway from gutenberg to the celestial jukebox，2003.

[39] Jacques Richepin，Le Minaret. Comédie en trois actes en vers. Paris：Librairie Charpentier et Fasquelle[J]. Performance，1914.

[40] Melegati L. Comment identifier：le mobilier：de la Renaissance à l'Art déco [M]. Hazan，2010.

[41] Sessa J. Le rite et la licence dans la comédie européenne de la renaissance et de l'époque baroque（thèmes，motifs，situations relatifs à la sexualité，au mariage et à la vie de famille）[D]. Paris 10，1995.

[42] Poiret，Paul. Art et phynance [J]. Paris：Lutetia，1934.

[43] Silver，Kenneth E. Esprit de corps：The Art of the Parisian Avant－Garde and the First World War，1914－1925[M]. Princeton：Princeton University Press，1989.

[44] Poiret，Paul. My First Fifty Years. Translated [M]. London：Victor Gollancz，1931.

[45] Steele，Valerie. Paris Fashion：A Cultural History[M]. New York：Oxford University Press，1988.

[46] Troy，Nancy J. Couture Culture：A Study in Modern Art and Fashion[M]. Cambridge，Mass.：MIT Press，2003.

[47] Weill，Alain. La mode parisienne：La Gazette du Bon Ton，1912－1925 [M]. Paris：Bibliothèque de l'Image，2000.

[48] Paul Poiret，Anne Rittenhouse. The Prophet of Simplicity[J]. Vogue 42，no. 9（1 November 1913）：142，1913.

[49] Wollen Peter. Raiding the Icebox：Reflections on Twentieth－Century Culture [M]. Bloomington：Indiana University Press，1993.

[50] Paul Poiret et Nicole Groult. Maîtres de la mode art déco：Musée de la Mode et du Costume，Palais Galliéra [M]. Exhibition catalogue. Paris：Édition Paris Musées，1986.

[51] Mark O. Design Management：A Handbook of Issues and Methods[M]. Oxford：Basil Blackwell，1990：32－36.

[52] Nicola W. Reconstructing Italian Fashion：America and the Development of the Italian Fashion Industry[M]. Oxford：Berg Publishers，2000：108－109.

[53] 博丽塔·博雅·德·墨柔塔 . 设计管理：运用设计建立品牌价值与企业创新 [M]. 刘吉昆，范乐明，汪颖，等，译. 北京：北京理工大学出版社，2012：3-17.

[54] 设计管理协会（DMI）. 设计管理欧美经典案例：通过设计管理实现商业成功：readings&case

studies on design management[M]. 黄蔚，译．北京：北京理工大学出版社，2004：34-35.

[55] 刘丽娴，凌春娅．沃斯时装屋的设计管理 [J]. 装饰，2019（3）：102-104.

[56] 卞向阳，张旻．20世纪意大利服装业的演进 [J]. 东华大学学报（自然科学版），2008（4）：416-421.

[57] 张立群．设计管理的方法体系 [J]. 装饰，2014（4）：15-20.

[58] 曾山，胡天璇，江建民．浅谈设计管理 [J].江南大学学报（人文社会科学版），2002（1）：103-105.

[59] 张立巍，福田民郎．谈我国设计管理教育的发展方向：美国和日本设计管理教育的概况及启示 [J].
装饰，2007（4）：104-107.

[60] 高宣扬．流行文化社会学 [M]. 北京：中国人民大学出版社，2006：78-83.

[61] 卞向阳．国际时尚中心城市案例 [M]. 上海：格致出版社，2010：56-67.

[62] 张弛．聚焦意大利 V&A 重现六十年意大利时尚魅力 [J]. 设计，2014（8）：140-145.

[63] 张焘．设计与设计管理 [J]. 南京艺术学院学报（美术与设计版），2006（4）：118-119.

[64] 刘丽娴，汪若愚．威廉·莫里斯设计管理思想与 MMF 公司 [J]. 创意设计源，2019（3）：47-53.

[65] 刘丽娴，汪若愚，郑嫣然．韦奇伍德的设计管理思想与商业实践 [J]. 装饰，2020（1）：76-79.

[66] 刘丽娴，汪若愚．威廉·莫里斯设计管理思想与 MMF 公司 [J]. 创意设计源，2019（3）：47-53.

[67] 刘丽娴，凌春娅．沃斯时装屋的设计管理 [J]. 装饰，2019（3）：102-104.

[68] 刘丽娴，汪若愚，郑嫣然．韦奇伍德的设计管理思想与商业实践 [J]. 装饰，2020（1）：76-79.

[69] 刘丽娴，康瑜，王明坤．西方时尚的转承互动与纽约时尚体系研究 [J]. 装饰，2020（11）：94-97.

[70] 凌玲．浅析东方元素对保罗·波烈服装的影响 [J]. 明日风尚，2018（12）：302-302.

[71] 韩琳娜．保罗·波烈女装设计的身体观研究 [D]. 武汉：武汉纺织大学，2013.

[72] 路晓瑛．香奈儿品牌的视觉消费文化研究 [D]. 兰州：兰州大学，2015：18.

[73] 魏东．香奈儿经典服装款式与细节变化及应用的研究 [D]. 天津：天津工业大学，2016：11.

[74] 尚·雷马利．香奈儿 [M]. 上海：上海书店出版社，2011.

[75] 伊莎贝尔·菲梅尔．你所不知道的香奈儿 [M]. 北京：北京美术摄影出版社，2014.

后记

　　2016 年，我在中国美术学院博士后进站，并开始了设计学相关研究工作。在开展浙江省丝绸与时尚文化研究中心的基地研究课题"时尚品牌文化与设计研究"的同时，进行"时尚跨学科研究与高级时装品牌的设计管理"的专题研究，并着手于本书的撰写。上述研究内容与对象的所处时代都不约而同地聚焦于 19 世纪，这也正是本书所界定设计管理与高级时装屋的萌芽阶段与起点。本书基于我已出版专著《设计管理思想的萌蘗——历史视角的案例解读》一书，在对设计管理内涵梳理研究的基础上，进一步聚焦于高级时装屋设计管理方式，并通过多案例研究加以印证。其中多个高级时装屋的典型案例所折射出的设计管理方式均与以往有很大不同，特别是由于生产方式、设计对象、运营方式的变化所导致随之而来的设计管理实践的变化。多个高级时装品牌，创立与发展于不同的社会背景与时代精神下，所采用的设计与运营方式不尽相同，当然其中的共性与规律也趣味十足。本书所聚焦的对多个典型案例的研究，以及跨学科理论借鉴的研究方法，对于高级时装品牌设计管理方式的研究，乃至尚处于完善与发展进程中的设计管理学学科也具有历史借鉴价值，这些促使我最终下定决心撰写本书。

　　《高级时装品牌的设计管理》是基于现有研究与相关理论的梳理，并与 19 世纪末至 20 世纪中叶多个高级时装品牌设计管理个案的专题式研究相结合，追溯 19 世纪以来高级时装屋的设计管理方式演进发展轨迹的跨学科综合性研究。希望能够由点及面地客观还原 19 世纪以来关于高级时装品牌的艺术、技术、社会生产、生活方式变革进程中，艺术家与设计师群体关于设计管理的集体思考与设计实践活动。当我们回归于设计管理与高级时装品牌萌芽之初的面貌，顺其发展演变轨迹，总是能够发现每每引发设计管理发展变革的驱动力量：社会变革、生产方式、沟通方式、设计对象、设计目标等方面的变化。

感谢我的博士后导师与学术道路的启蒙者郑巨欣教授；感谢国家留学基金委的资助使我得以潜心完成本书的整理；感谢我的研究生们在本书的资料整合与分析过程中的积极参与，他们是沈李怡、陈嘉慧、王若愚和王娅妮，最后还要特别感谢我的家人和朋友，在本书完稿之际，一并谢过。

刘丽娴

浙江理工大学　浙江省丝绸与时尚文化研究中心

2021 年 4 月 30 日